ÜBERZEUGUNGSTÄTERIN

Seit fast 20 Jahren bietet **Susanne Westphal** Seminare und Coachings für Frauen und Männer an, die die Kommunikationsfähigkeit stärken und Menschen unterstützen, ihre beruflichen Ziele zu erreichen. Ihre Workshops zum Thema »Durchsetzungsstark statt immer nur nett« sind immer ausgebucht. Privat übt sie ihre Durchsetzungsfähigkeiten an ihren fünf Kindern, von denen die jüngsten gerade im schönsten Pubertätsalter sind.

Susanne Westphal

ÜBERZEUGUNGS-TÄTERIN

Hart in der Sache, charmant in der Art.
So setzen Sie sich durch!

Campus Verlag
Frankfurt/New York

ISBN 978-3-593-51243-3 Print
ISBN 978-3-593-44456-7 E-Book (PDF)
ISBN 978-3-593-44457-4 E-Book (EPUB)

Umschlaggestaltung: Zeichenpool, München
Umschlagmotiv: Shutterstock ashva; thesomeday123
Satz: DeinSatz Marburg
Gesetzt aus: Minion Pro und Myriad Pro
Druck und Bindung: Beltz Grafische Betriebe GmbH, Bad Langensalza
Printed in Germany

www.campus.de

INHALT

DIE ÜBERZEUGUNGSTÄTERIN*

Liebe Leserin und lieber Leser,

an jedem einzelnen Tag unseres beruflichen Wirkens erleben wir: Erfolg haben wir nicht automatisch dadurch, dass wir unsere Arbeit gut machen und unsere Themen beherrschen. Wenn wir beruflich weiterkommen wollen, sind Verhandlungsstärke und Durchsetzungskraft nötig. Wir müssen kämpfen, um Gehör zu finden, um Interesse für unser Projekt zu wecken oder um für unsere Arbeit eine angemessene Bezahlung zu bekommen.

In diesem Buch finden Sie allerlei Inspirationen dafür, wie Sie Menschen in Ihrem beruflichen Umfeld überzeugen können. Wie Sie in ganz alltäglichen Jobsituationen noch sicherer werden und eine klare Vorstellung davon bekommen, was Sie wollen und wie Sie Ihre Ziele auch erreichen. Dabei beschränke ich mich nicht auf Verhandlungstipps, sondern betrachte das Thema ganz umfassend: Wie treffe ich Entscheidungen? Wie kommuniziere ich noch erfolgreicher? Wie gelingt es mir, auch mal »Nein« zu sagen und Grenzen zu setzen? Wie baue ich mir ein stabiles Netzwerk mit starken Partnern, die meine Anliegen unterstützen? Wie werde ich Energiefresser wieder los? Wie lasse ich mir ein dickes Fell wachsen, damit Gegenwind, Störungen oder Provokationen mich nicht umhauen können? Wie behalte ich den Spaß und die Freude an meinen Projekten?

All das erzähle ich anhand vieler Beispiele, die ich in meiner Arbeit kennen gelernt habe. Lassen Sie sich inspirieren, erheitern, überraschen.

Die Überzeugung ist weiblich: Ich kenne viele Frauen mit sehr starken Überzeugungen. Wenn Frauen sich für etwas begeistern, etwas

*Männer sind natürlich immer mitgemeint!

richtig oder unterstützenswert finden, sind sie mit ihrer ganzen Seele dabei. Bekennen sie sich zu jemandem, tun sie es mit ganzer Kraft und hundertprozentig loyal und verlässlich. Sind sie allerdings über jemanden zutiefst verärgert, bleibt auch dieser Bruch aus ganzer Überzeugungskraft ein Leben lang bestehen. Sie schaffen es wirklich, nie wieder mit jemandem ein Wort zu wechseln, wenn sie sich das einmal vorgenommen haben.

Ich erlebe engagierte Frauen mit starken Überzeugungen vor allem bei großen Lebensthemen wie Klimaschutz, Tierschutz oder Flüchtlingshilfe. Oder auch im privaten, eher familiären Kontext: bei der Organisation des Sommerfests im Kindergarten, bei der Unterstützung des pädagogischen Konzepts der Schule oder bei Aktionen wie »Unser Dorf soll schöner werden«. Es gibt auch Frauen, die sich für eine Verbesserung von Arbeitsbedingungen oder Gestaltung ihres Jobs einsetzen, doch sie sind oft weniger sichtbar, als sie es verdient hätten.

Frauen sind Macherinnen: Ich kenne wahnsinnig viele sehr fleißige Frauen, die hart arbeiten, mit unermüdlicher Energie und mit perfektionistischer Genauigkeit. Sie sind also »Täterinnen«, von früh bis spät. Sie können eine angefangene Arbeit nur schwer liegen lassen. Und schon gar nicht können sie anderen bei der Verrichtung einer Tätigkeit zusehen, während sie selbst gerade nichts tun.

Wie großartig wäre es, die Überzeugung und die Täterin zusammenfließen zu lassen? Vielleicht ließen sich die Taten noch gezielter für die starken Überzeugungen einsetzen? Dann hätten wir viel mehr Frauen in der Politik, mehr Entscheiderinnen in Führungsetagen, mehr Gründerinnen, mehr Investorinnen und Aufsichtsrätinnen. Das könnte dann dazu führen, dass Strukturen und Arbeitsbedingungen nicht mehr ganz so rein männlich geprägt wären.

Doch warum adressiere ich hier die Überzeugungstäterin, also die weibliche Form?

Keine meiner Anregungen wäre dabei nicht auch für Männer hilfreich. Auch Männer können in entscheidenden Situationen mehr Überzeugungskraft brauchen. Ich adressiere dieses Buch in erster Linie an die Überzeugungstäterin, weil ich den weiblichen Blickwinkel gut kenne. In vielen Trainings und Coachings von weiblichen Führungskräften konnte ich beobachten, welche Themen speziell Frauen interessant finden und welche besonderen Fragen sie stellen.

Ich bin keineswegs der Meinung, dass Frauen erst einmal befähigt werden müssten, bevor sie gut verhandeln und überzeugen könnten. Wir sollten uns unserer Stärken aber noch bewusster sein und sie ganz gezielt einsetzen. Wenn wir dann zusätzlich noch den Männern abgucken, was diese besonders gut können (und umgekehrt), sind wir alle erfolgreicher.

In der »Überzeugungstäterin« steckt die Überzeugung und die Täterin. Ohne Tun keine Überzeugungskraft. Wir müssen also einfach machen. Dazu will ich ermutigen und zeigen, dass die Umsetzung mit Leichtigkeit und ganz viel Freude gelingt.

Mein Unternehmen heißt »Institut für Arbeitslust«. Ich beschäftige mich mit Verhandlungsgeschick und Durchsetzungsstärke und trage dieses Thema in die Welt, weil ich überzeugt bin, dass wir alle mehr Spaß an der Arbeit haben, wenn wir uns die richtigen Projekte angeln, dafür Applaus und Beachtung bekommen und auch noch ordentlich dafür bezahlt werden. Wenn mir im Nachgang zu einem Workshop jemand schreibt, eine anschließende Verhandlung sei besonders erfolgreich gelaufen, freut mich das riesig und bestätigt mich in meiner Arbeit. Vielleicht haben Sie ja auch nach der Lektüre dieses Buchs Lust, mir von Ihren Erfolgen zu berichten?!

Ich wünsche Ihnen viel Freude beim Lesen und viel Erfolg bei der Umsetzung Ihrer Ideen und Pläne.

Ihre

Susanne Westphal

(Überzeugungs-Mit-Täterin)

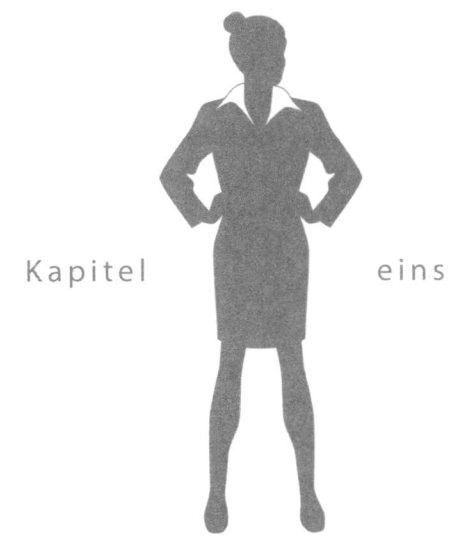

Kapitel eins

ENTSCHEIDUNGEN TREFFEN

Wer Entscheidungen treffen kann, wirkt souverän

Sie alle kennen diese Situation: Sie sitzen im Restaurant, der Kellner bringt die Speisekarte und Ihre Begleitung kann sich einfach nicht entscheiden. Wieder und wieder wird die Karte rauf und runter studiert, gerade so, als wolle jemand von den gedruckten Buchstaben satt werden. Endlich, nachdem der Kellner schon zum dritten Mal wieder abgezogen war, um dem Gast noch etwas mehr Zeit zu geben, scheint eine Auswahl getroffen. »Ich glaube, ich nehme die Spaghetti.« Die Karte wird zugeklappt. Direkt gefolgt von einem »Obwohl…« und sie wird wieder aufgeschlagen, »ich glaube, da gab es noch andere Nudeln, ich frage mal, ob die hausgemacht sind.«

Bewerber um eine Stelle werden gern im Restaurant getestet, dabei wird die Unfähigkeit, sich zu entscheiden, als hinderliche Charaktereigenschaft wahrgenommen. Für höhere Positionen kommen Menschen in die nähere Auswahl, die wissen, was sie wollen und das auch ausstrahlen. Dafür braucht es Entscheidungssicherheit – und die will geübt sein.

> Die Überzeugungstäterin weiß schnell, was sie will.
> Und man merkt es ihr an.

Je klarer wir unsere Ziele vor Augen haben, umso leichter fallen uns Entscheidungen und umso schneller finden wir den richtigen Weg zur Umsetzung. Gerade in turbulenten Zeiten müssen wir manchmal zügig wichtige Entscheidungen treffen. Wie gleichen wir einen Fehler aus?

Wen holen wir mit ins Boot? Wer sollte am nächsten Meeting teilnehmen? Was müssen wir bedenken? Welche nächsten Schritte sind wichtig, wer macht sie und bis wann?

Im Business gilt Ähnliches wie für eine Motorradfahrerin, die mit hohem Tempo auf kurvenreicher Strecke unterwegs ist: Immer vorausschauend fahren, den Blick stets auf die ideale Fahrlinie fixieren, keinesfalls auf mögliche Hindernisse. Wer sich auf den Straßengraben konzentriert, liegt schon beinahe darin. Gut, wenn ich die Strecke schon kenne und ein klares Bild vor Augen habe, wie meine Ideallinie verläuft. Hierauf konzentriere ich mich mit aller Kraft. Damit dies im beruflichen Kontext möglich ist, kann ich auch hier schon einmal vorab »die Strecke abfahren«, also in Gedanken den möglichen weiteren Verlauf meiner strategischen Vorgehensweise durchspielen, am besten in verschiedenen Varianten. Dann kann ich davon ausgehen, dass ich später meine vielen kleinen Entscheidungen blitzschnell und reflexartig treffe.

Übrigens haben wir laut dem Hirnforscher Ernst Pöppel rund 20 000 Entscheidungen pro Tag zu treffen. Daher tun wir gut daran, manchen Fragen nur die nötigste Aufmerksamkeit zu schenken: blauer oder schwarzer Kugelschreiber, Dinkel- oder Sesambrötchen…

»Richte Deinen Fokus auf die Lösung und nicht auf das Problem.«

Das riet schon Mahatma Gandhi. Doch die richtige Lösung müssen wir erst einmal kennen!

Wer seine Entscheidungen nicht klar trifft und stark vertritt, ist anfällig für Beeinflussung von außen. Wir alle kennen solche »Fähnlein im Wind«, die jedem nach dem Mund reden und von denen man den Eindruck hat, sie hätten überhaupt keine eigene Meinung. Gleichzeitig ist es wichtig, Entscheidungen nicht einsam im Kämmerlein zu treffen, sondern sich Rat und Informationen einzuholen. Am besten von besonders klugen Ratgebern, die Experten für unser Problem sind.

Über eine Bekannte von mir hörte ich neulich, dass sie als Verhandlungspartnerin bei ihren Investoren den allerhöchsten Respekt genoss. Nicht nur, weil sie in Gesprächen zäh und unnachgiebig war, sondern auch, weil sie stets die pfiffigsten Anwälte und Berater um sich hatte. »Wie sie die nur immer findet!«, meinte kürzlich jemand anerkennend. Es ist ganz bestimmt nicht ehrenrührig, sich von Experten beraten und helfen zu lassen. Nur wer denkt, er könne alles selbst am besten, wird auf den Rat von kompetenten Kollegen verzichten. »Ich weiß, was ich nicht weiß« ist eine wesentliche Erkenntnis im Leben, die uns weiterbringt.

Die Wahl des Ratgebers zeigt schon, wozu wir tendieren

Die Überzeugungstäterin nimmt Rat an – immer von den Richtigen.

Manchmal wird eine Entscheidung dadurch leichter, indem wir uns genauer ansehen, wen wir um Rat bitten würden. Lisa war 42, als sie ungeplant schwanger wurde. Als Abteilungsleiterin hatte sie gerade erst einen wichtigen Karriereschritt gemacht. Sie liebte ihren Fulltime-Job. Der Vater des Kindes war viele Jahre jünger als sie und stand als verlässlicher Lebenspartner nicht zur Verfügung. Gleichzeitig war es immer ihr Wunsch, Mutter zu werden, und sie wusste genau, dass sie in ihrem Alter nicht mehr viele Gelegenheiten haben würde, sich für ein Kind zu entscheiden. Eine schwierige Lebensentscheidung! Sie rief mich an, um mich nach meiner Meinung zu fragen. Doch das war gar nicht nötig: »Du hast die Entscheidung schon getroffen, weil du ja mich anrufst«, gab ich ihr zu bedenken. »Welche Antwort erwartest du von einer Frau, die selbst mehrere Kinder hat und ihren Beruf sehr gern ausübt?!« Sie musste lachen. »Vielleicht hast du recht«, meinte sie. »Ich bin noch nicht dazu gekommen, die Sache mit meiner besten Freundin zu besprechen. Sie ist Karrierefrau und hat selbst keine Kinder.«

Vorab die richtigen Fragen stellen

In vielen Entscheidungssituationen ist es wichtig, erst einmal alle Fakten zu kennen. Clevere Entscheiderinnen stellen vorab die richtigen Fragen, hören auf Berater, holen die passenden Informationen ein und sie wählen die optimale Option mit Sorgfalt. Sie können ihre Entscheidung anpassen, wenn sich Rahmenbedingungen verändern, und sie setzen ihre Pläne konsequent und mit Kraft um.

Nehmen wir ein weiteres Beispiel:

Evelyn ist Geschäftsführerin eines mittelständischen Unternehmens mit mehreren hundert Mitarbeitern und beliefert seit vielen Jahren sehr erfolgreich Groß- und Einzelhändler mit Ersatzteilen für Fahrräder. Zusätzlich zu ihrem traditionellen Geschäft baute sie vor einem Jahr einen Webshop für Privatkunden auf. Denn es gibt immer mehr Bastler, die ihr Fahrrad selbst reparieren oder tunen. Eine echte Herausforderung für einen Mittelständler mit langjährigen Mitarbeitern ohne jede Erfahrung im Online-Direktvertrieb! Hier kämpfen Evelyn und ihr Team sehr mit den Zahlen – die Gesellschafter sind alles andere als begeistert über die anfänglich hohen Investitionen. Der Start der neuen Idee bedeutete zunächst einmal hohe Kosten für das Design und die Programmierung der Internetseite sowie weitere Anschubkosten für die Werbung. Der Aufwand für das Verpacken, Versenden und Abrechnen neuer Verpackungsgrößen in kleinen Mengen war ebenfalls erheblicher als gedacht. Mitarbeiter mussten für die neuen Prozesse eingearbeitet und geschult werden. Hinzu kam, dass einige den Webshop grundsätzlich für eine Schnapsidee hielten und mit wenig Elan bei der Sache waren.

An einem solchen Punkt gilt es, eine richtungsweisende Entscheidung zu treffen: Weitermachen und noch mehr Gas geben, etwa durch mehr Werbung und weitere Kooperationen, damit hier schneller sichtbare Umsätze gemacht werden können. Die zweite Möglichkeit: Den Internetshop mit möglichst geringen laufenden Kosten weiter betreiben und auf Weiterempfehlungen in sozialen Netzwerken und langsames Wachstum hoffen. So wären die Entwicklungskosten nicht umsonst gewesen und könnten sich durch mögliche Einnahmen wenigstens in der Zukunft irgendwann rechnen. Die dritte Variante: Den Geschäftsbereich klar und konsequent wieder aufgeben, eine strategische Fehlentscheidung eingestehen und das Geschäftsergebnis in diesem Jahr mit einem miesen Ergebnis beenden. Frei nach dem Indianersprichwort: »Wenn du ein totes Pferd reitest, steig ab.« Im nächsten Jahr könnte man dann einen frischen und unbelasteten Neustart im bewährten Geschäftsfeld hinlegen.

Evelyn traf ihre Entscheidung wohlvorbereitet und durchdacht: Sie führte eine Kundenbefragung durch, sprach mit Mitarbeitern, ließ Experten verschiedene Szenarien durchrechnen, nahm die Erfolgsstorys anderer Internetunternehmen genauer unter die Lupe und zog auch die Haltung und Pläne ihrer Gesellschafter in Erwägung. Es gab nicht den einen richtigen Weg. Jede Entscheidung hatte Vor- und Nachteile. Und niemand kann in die Glaskugel blicken und sehen, wie die Welt aussieht, wenn man diese oder jene Wahl trifft. Nach reiflicher Überlegung entschied sie, den Onlineshop wieder zu schließen, vor allem, weil Gesellschafter und Mitarbeiter nicht an die Idee glaubten. Ohne Rückendeckung, da war sie sicher, konnte sie das umstrittene Projekt nicht in den Erfolg führen.

Ein Richtungswechsel ist kein Makel

Sicherlich gibt es Menschen, die an Evelyns Stelle anders entschieden hätten. Manche Charaktere halten es für einen enormen Gesichtsverlust, wenn sie ein bereits begonnenes Projekt wieder beenden. Solche Menschen hören auch nicht auf die Stimme ihres Navigationsgeräts, wenn sie »bitte wenden« hören. »Umdrehen? Auf keinen Fall! Wenn, dann fahre ich vielleicht einen Kreis, dann kann ich das noch als Rundfahrt verkaufen. Aber umzukehren wäre doch das Eingeständnis eines Fehlers!«

Die Überzeugungstäterin steht zu ihren Fehlern. Und lernt daraus.

Fehler sind herrlich! Wir können so wunderbar aus ihnen lernen und uns enorm weiterentwickeln. Die größten Erfindungen entstanden, weil Tüftler sich trauten, zu experimentieren und ihre Ideen auch nach Rückschlägen weiterzuentwickeln. Manche Entdeckungen wurden aus reinem Zufall gemacht, so wie die Erfindung von Post-its.

Es gibt keine Fehler, höchstens Umwege

Es gibt keine Fehlentscheidungen! Merken wir, dass es sich bei dem eingeschlagenen Weg um einen Holzweg handelt, können wir auf den ursprünglichen Pfad zurückgehen und dabei wenigstens die Landschaft bewundern, die wir durch unseren Umweg entdeckt haben. Beim Joggen lande ich übrigens regelmäßig auf dem sogenannten Holzweg: In meiner Abenteuerlust will ich oft Neues entdecken und biege mitten im Wald schon mal auf einen Weg ab, der relativ breit ist und vielversprechend aussieht. Tatsächlich handelt es sich dann um eine Sackgasse die entsteht, wenn der Förster mit einem Fahrzeug einbiegt, um Holz zu transportieren, und dann einfach wieder umdreht.

Viele Unternehmen haben bereits erkannt, dass es sich lohnt, über Fehler regelmäßig zu sprechen. Mitarbeiter werden geradezu ermutigt, ihre Pannen und Missgeschicke zu teilen, damit alle aus ihnen lernen können. Auf sogenannten Fuckup Nights berichten gescheiterte Gründer, Manager oder Angestellte öffentlich in einem Vortrag von ihrem persönlichen Scheitern auf humorvolle Weise. So verlieren Fehler ihren Schrecken, und wir können sie wirklich für uns nutzen.

Dazu passt dieses Bonmot von Marlene Dietrich: »Wenn ich mein Leben noch einmal leben könnte, würde ich die gleichen Fehler machen. Aber ein bisschen früher, damit ich mehr davon habe.«

Zu seinen Fehlern zu stehen wirkt also auch entscheidungsstark und sehr souverän! Wir sollten sie daher nicht verschämt vertuschen, sondern laut kommentieren und zum Thema machen.

Bauen Sie sich Ihren persönlichen Entscheidungskompass

Bei vielen Entscheidungen werden wir durch Faktoren beeinflusst, die nicht wirklich hilfreich sind. Da sitzt uns ein Bewerber gegenüber, der uns an unseren Mathelehrer erinnert, und gleich sind wir ihm gegenüber negativ eingestellt. Ein Name klingt nach einer bestimmten Nationalität: Schon beginnt unser innerer Film mit einem Drehbuch, das sämtliche Klischees enthält, die uns gerade einfallen. Genau aus diesem Grund sind einige Firmen mittlerweile dazu übergegangen, Bewerbungen im ersten Schritt anonym, ohne Foto und ohne Altersangabe zu bearbeiten.

Die Überzeugungstäterin trifft Entscheidungen wohlüberlegt und mit System.

Es gibt eine analytische, für mich wunderbar nachvollziehbare Methode, künftige Entscheidungen durch einen eigenen Richtungsweiser vorzubereiten.

Sie funktioniert so:

Notieren Sie in einer Tabelle, die Sie über Wochen oder Jahre pflegen können, immer wieder Ihre persönlichen beruflichen Erfolgs- und Jubelmomente. Das kann ein erfolgreich abgeschlossenes Projekt mit einem besonders angenehmen Kunden sein oder der Stolz über eine gute Leistung einer Mitarbeiterin, die Sie vor kurzem eingestellt haben.

In einer zweiten Spalte notieren Sie daneben, welche Ihrer Entscheidungen zu diesem Erfolgsmoment geführt haben. Im ersten Fall wäre das etwa Ihre Entscheidung, genau diesen Kunden zu akquirieren, im zweiten Fall ist es die Personalentscheidung für diese Mitarbeiterin und auch die Entscheidung, ihr die Aufgabe zu übergeben, die sie mit Bravour gelöst hat. Im Laufe der Zeit erhalten Sie also eine immer länger werdende Liste »guter Entscheidungen«, die sich für Sie positiv entwickelt haben.

In einer dritten Spalte notieren Sie nun die Kriterien, die zu Ihrer Entscheidung geführt haben. Warum haben Sie sich für diesen Kunden entschieden? Haben Sie ganz gezielt neue Kunden aus der Pharmabranche angesprochen, weil es den Unternehmen hier im Moment gut geht? Notieren Sie »Sicherheit« als ein Motiv. »Sympathie« könnte bei beiden oben genannten Entscheidungen eine Rolle gespielt haben. Vielleicht ist es Ihnen wichtig, dass Sie sich mit den Menschen, mit denen Sie arbeiten, gut verstehen. Sie werden im Laufe der Zeit feststellen, dass Ihre Beweggründe sich immer wieder wiederholen und mehrfach auftauchen.

In einer vierten Spalte vergeben Sie Punkte von 1 bis 5, je nachdem, wie wichtig dieser Beweggrund für Sie war. Nun können Sie die Liste Ihrer Motive und Entscheidungsgrundlagen nach ihrer Bedeutung sortieren. Das Ergebnis ist Ihr ganz persönlicher Kompass als Unterstützung für künftige Entscheidungen.

Wenn Maschinen für Künstliche Intelligenz programmiert werden, funktioniert es genauso: Objektive Faktoren werden gesucht, die Entscheidungen beschreiben und vorbereiten.

Entscheidungen intuitiv überprüfen

Jede Sekunde kann unser Gehirn etwa 40 Sinneseindrücke bewusst verarbeiten. Das heißt, wir erinnern uns später, wie etwas aussah oder was jemand mit welcher Stimme sagte und wie der Kaffee duftete, der auf dem Tisch stand. Weitere 11 Millionen Sinneseindrücke prasseln ebenfalls auf uns ein – doch sie landen nur in unserem Unterbewusstsein. Unser Gehirn schützt sich vor Überforderung und wählt ganz einfach diejenigen Eindrücke aus, die ihm zur weiteren Verarbeitung wichtig erscheinen. Das erklärt übrigens, warum unterschiedliche Menschen hinterher ganz verschiedene Berichte über ein Meeting abliefern, so dass man den Eindruck haben könnte, sie sprechen nicht von derselben Veranstaltung.

Alle Informationen, die unser Unterbewusstsein aufnimmt, gehen nicht verloren. Wir kommen nur schwerer an sie heran. Greifen wir bei unseren Handlungen auf sie zurück, nennen wir es Intuition, weil wir nur ahnen, aber nicht so ganz genau wissen, warum dieser Weg sinnvoll ist.

Gehen wir also davon aus, dass unser Unterbewusstsein superschlau ist und immer genau weiß, was für uns gut und richtig ist. Es gibt einige Methoden, unsere Intuition zu befragen, um sicherzustellen, dass wir auf dem richtigen Weg sind.

Die Überzeugungstäterin vertraut ihrer Intuition.

Bäume sprechen lassen

Mit meinen Seminargruppen praktiziere ich ihn gelegentlich, den »Medical Walk«. Abgeguckt von den Indianern kann ein sehr bewusster Spaziergang durch die Natur dazu betragen, sichere Entscheidungen zu treffen. Es funktioniert ganz einfach: Vor dem Losgehen konzentrieren wir uns auf eine Frage oder ein Thema, das uns gerade umtreibt. Nun suchen wir nach einem Zeichen in der Natur, das uns eine Antwort liefert.

Es ist verblüffend, wo unser Auge hängenbleibt und wie unterschiedlich wir die Bilder deuten! In Seminargruppen haben schon zwei Menschen denselben Baum völlig gegensätzlich für sich interpretiert. Einer blickte auf die hohen Zweige, die sich im Wind wiegten und auf denen ein Vogelnest hin- und herbalanciert wurde. Eine andere Teilnehmerin entdeckte am selben Baum den dicken Stamm, dessen Rinde sich an einigen Stellen löste, als würde er sich häuten wollen. Das Bild erinnerte sie an einen Schmetterling, der sich aus einem Raupenkokon befreite. Sie ahnen es schon, welche Geschichten hinter solchen Beobachtungen stecken könnten.

Übertragung einer Entscheidung auf einen sportlichen Wettkampf

Hadere ich zwischen zwei möglichen Entscheidungsoptionen (Bleibe ich in der aktuellen Position oder nehme ich die neue Herausforderung an? Suche ich meine neue Wohnung in der Stadt oder auf dem Land? Kehre ich zurück in den Job in Teilzeit oder in Vollzeit?), kann ich mir von Fußballern helfen lassen, indem ich mir ein Spiel ansehe. Meine beiden Entscheidungsalternativen übertrage ich auf die beiden Mannschaften. Gewinnt rot, mache ich dies, sind die in den weißen Trikots stärker, mache ich jenes. Natürlich delegiere ich meine Entscheidung nicht wirklich auf die Spieler. Doch ich merke beim Verfolgen des Spielverlaufs ganz schnell, dass ich parteiisch bin und für eine Mannschaft deutlich höhere Sympathien pflege. Ich freue mich deutlich mehr, wenn sie in Ballbesitz sind und fiebere ängstlicher, wenn die Gegner sich »unserem« Tor nähern. Unser Unterbewusstsein hat nämlich längst entschieden, welcher Weg ihm geeigneter erscheint.

Diese Methode funktioniert übrigens am besten, wenn man von Fußball nicht die geringste Ahnung hat und nicht zuvor schon weiß, welche Mannschaften und Spieler wie stark sind. Sonst kann man auf Handball, Volleyball oder Eishockey ausweichen.

Setzen Sie sich auf verschiedene Stühle

Für diese Methode brauchen wir ebenso viele Stühle (gleicher Bauart), wie wir Entscheidungsoptionen haben, und einen oder mehrere Sparringspartner, die uns beobachten, zuhören und Feedback geben.

Ordnen Sie nun jedem Stuhl eine Entscheidungsoption zu. Im zuvor beschriebenen Beispiel von Evelyn mit ihrem Onlineshop für Fahrradzubehör könnten diese heißen:

- Weitermachen und mehr Gas geben
- Weitermachen mit minimalen Kosten
- Aufhören

Nun würde Evelyn sich auf den ersten Stuhl setzen und zunächst einmal nur körperlich beschreiben, wie sich das Sitzen hier anfühlt: Bequem? Wackelig? Warm? Leicht? Schwer? Was spürt sie? Wird ihr schwindelig? Bekommt sie Bauchgrummeln? Möchte sie am liebsten nicht mehr von diesem Stuhl aufstehen?

Es klingt eigenartig, aber es ist tatsächlich so, dass sich verschiedene Optionen anders »anfühlen«. Das bemerken sogar Beobachter, wenn sie uns nur dabei zusehen, wie wir uns positionieren, welchen Gesichtsausdruck wir haben, welche Körperspannung wir zeigen.

Wenn wir nun auch noch verbal beschreiben, wie unser Leben in vielleicht einem Jahr aussieht, wenn wir genau diese Entscheidung getroffen haben, wird alles noch klarer. Unsere Sprache verrät, was unser Unterbewusstsein längst weiß. Sind wir uns unserer Sache nicht sicher, werden sich Wörter wie »eigentlich« und »irgendwie« einschleichen. Vielleicht erwähnen wir, was wir nun »müssen«, während auf einem anderen Stuhl von »wollen« die Rede ist. Genau hierfür brauchen wir aufmerksame Beobachter, die uns spiegeln, was sie sehen und hören.

Ich habe diese Übung schon in mehreren Seminaren ausprobiert und fand es jedes Mal verblüffend, wie klar die »richtige Entscheidung« für Außenstehende längst war, während die Person, die selbst mitten im Dilemma steckte, noch immer nicht merkte, wohin sie tendierte.

Welche Methode Sie auch wählen: Es lohnt sich, ein wenig Zeit zu investieren, um getroffene Entscheidung noch einmal zu überprüfen. Umso sicherer und konsequenter werden wir sie umsetzen!

Kennen Sie Ihre Prioritäten

Je engagierter Sie in Ihrem Job sind, umso mehr Aufgaben und Entscheidungen jonglieren Sie parallel. Sie sollten jeden Tag wissen, was heute am wichtigsten ist, und gleichzeitig im Blick behalten, was auf lange Sicht höchste Priorität hat. Am besten ist es, Sie schreiben regelmäßig auf, was Ihre kurz-, mittel- und langfristigen Ziele sind, und lesen sich diesen Eintrag anschließend selbst laut vor. Handschriftliche Notizen auf Papier merkt sich Ihr Kopf noch besser, als wenn Sie dieselben Informationen zusätzlich in eine Tastatur tippen. Diese Tagesvorbereitung (ja, ich würde das wirklich jeden Tag aufschreiben) sorgt dafür, dass Sie einen klaren Fokus haben und winzige Entscheidungen noch schneller treffen können. Nach diesem Prinzip funktionieren auch Meditations-CDs, die uns dabei helfen sollen, unser Gewicht zu reduzieren, mit dem Rauchen aufzuhören oder unsere Ziele zu erreichen. Wir programmieren uns in gewisser Weise selbst und lenken uns in die gewünschte Richtung.

Sicherlich haben Sie selbst schon die Erfahrung gemacht, dass sich für ein Vorhaben die Türen wie von selbst öffneten, wenn Ihnen etwas besonders wichtig war und Sie sich sehr stark darauf konzentrierten. Scheinbar können wir mit der Kraft unserer Gedanken nicht nur uns selbst, sondern auch andere beeinflussen. Das Phänomen, dass ich gerade ganz intensiv an jemanden denke und diese Person mich eine Sekunde später anruft, funktioniert nicht nur mit meinem Mann, der mir natürlich sehr nahesteht (und mich auch recht oft anruft), sondern sogar mit Kunden, die mir im Moment wichtig sind. Ich befasse mich gerade mit einem kniffeligen Kundenproblem und bastle an einer Lösung – in genau diesem Moment bekomme ich einen Anruf, obwohl wir erst in zwei Wochen zu einem Gespräch verabredet sind. Erklären kann ich es nicht, ich weiß nur, dass es funktioniert.

Die Überzeugungstäterin weiß immer,
was gerade am wichtigsten ist.

Das WINE-Prinzip: WINE = Wichtig Ist Nur Eins

Wir ahnen alle, dass das Schreiben meterlanger To-do-Listen frustrierend ist. Ohnehin schafft niemand alles, was zu tun wäre, an einem Tag. Es bleibt als jeden Abend eine lange Liste übrig, die mir zumindest schlechte Laune macht. Deshalb bevorzuge ich das WINE-Prinzip. Das funktioniert so: Jeden Morgen überlege ich mir nur eine einzige Sache, die heute wichtig ist. Das kann das Schreiben eines umfangreichen Konzepts sein oder ein besonders wichtiges Telefonat. Das pünktliche Abgeben der Umsatzsteuererklärung oder das Versenden eines Angebots. Jeden Tag ist eine Aufgabe wichtiger als alle anderen. Fokussiere ich diese, schaffe ich sie auch. Alles andere wird darum herum gruppiert.

Abends notiere ich in mein Erfolgstagebuch eine Sache, die mir heute besonders gut gelungen ist. Das kann mein wichtigstes Projekt des Tages sein, vielleicht auch etwas anderes. So schließe ich jeden Tag zufrieden ab und sammle meine Zufriedenheitsmomente in Schriftform. Die kann ich jederzeit wieder nachlesen und so mein Selbstvertrauen stärken. Am Wochenende sehe ich mir die Erfolge der Woche an und trinke ein Glas Wein, um mich zu belohnen.

Treffen Sie Ihre Entscheidungen konsequent

»Ach, hätte ich doch nur…« Manche Menschen zweifeln nicht nur bis zum Moment der Entscheidung, ob der gewählte Weg wirklich der richtige ist. Sie trauern einer nicht gewählten Option noch viel zu lange nach. Ich frage mich: Wofür soll das gut sein?

Eine Klientin wollte sich vor einigen Jahren beruflich verändern und hatte gleich mehrere interessante Jobangebote zur Wahl. Am Ende überlegte sie lange, ob sie eine ganz konkret beschriebene, kleinere Position in der IT-Abteilung eines großen Konzerns übernehmen sollte oder für einen größeren Aufgabenbereich in einem Start-up verantwortlich sein wollte. Sie entschied sich für Letzteres. Die Möglichkeit zur Mitgestaltung und die abwechslungsreiche Tätigkeit reizten sie. Doch weil sie die leicht chaotischen Zustände in einem Unternehmen, das sich erst noch aufbaut, unterschätzt hatte, bereute sie es immer wieder, den vermeintlich sicheren Konzernjob abgelehnt zu haben. Bei jeder Kleinigkeit, die nicht so rund lief, verglich sie in Gedanken, wie das mögliche Szenario wohl in einem anderen beruflichen Umfeld abgelaufen wäre. In kürzester Zeit war sie nur noch unzufrieden mit ihrer aktuellen Situation. Und ich bin sicher, das lag vor allem daran, dass sie sich nicht wirklich auf sie eingelassen hatte.

Die Überzeugungstäterin trauert nicht der Vergangenheit nach – sie blickt nach vorne.

Jetzt, wo wir so stark darin sind, kluge Entscheidungen zu treffen und diese stark umzusetzen, können wir gleich mit dem nächsten Schritt zur Überzeugungstäterin weitermachen: Wir angeln uns sichtbare Projekte, die perfekt zu uns passen!

Kapitel zwei

SICHTBARE AUFGABEN UND PROJEKTE ANGELN

Werden Sie selbst sichtbar

Wenn wir groß rauskommen wollen, müssen wir zunächst einmal sichtbar werden. Vielleicht haben wir alle zu häufig *Drei Haselnüsse für Aschenbrödel* gesehen, wo uns weisgemacht wird, dass jemand, der tagein, tagaus in der Asche kniet, trotzdem irgendwann belohnt wird und sogar Prinzessin werden kann. Im Berufsleben funktioniert das eher selten. Wir können jahrelang zuverlässig und fleißig irgendwelche Hilfsarbeiten ausführen, dürfen uns aber nicht wundern, wenn niemand auf uns zukommt und uns auf der Karriereleiter ein paar Sprossen höher schiebt. So zufrieden unser Unternehmen mit uns ist: Eine Garantie dafür, dass wir vorankommen, ist das nicht.

Sichtbare Aufgaben können sehr unterschiedlich aussehen

Wenn wir wollen, dass andere sehen, wie großartig wir sind, gibt es verschiedene Arten von Projekten, auf die wir uns fokussieren sollten:

Als Angestellte:
- Alle Arbeiten, die der Vorstand oder die wichtigsten Entscheider im Haus aktuell auf ihrer Prioritätenliste haben.
- Alle Arbeiten, bei denen wir es selbst mit dem Vorstand, Gesellschaftern oder wichtigen Entscheidern zu tun haben.

- Alle Aufgaben, bei denen wir das Unternehmen oder einen wichtigen Bereich repräsentieren.
- Alle Tätigkeiten mit Außenwirkung, wie Kundenkontakt oder Verbandsarbeit.
- Besonders mutige Projekte, an die sich keiner herantraut.

Als Selbstständige:
- Besondere Projekte, die berichtenswert erscheinen und sich für Pressearbeit eignen.
- Aufgaben für Kunden, die ihrerseits besonders gut vernetzt sind und die vielen anderen von positiven Erfahrungen berichten werden.

Sichtbare Projekte sind alle Aufgaben, die nach innen oder außen besondere Aufmerksamkeit genießen, weil sie zukunftsweisend sind, wirtschaftlich bedeutungsvoll sind oder die Werte des Unternehmens widerspiegeln. Indem wir uns auf solche Projekte konzentrieren, zeigen wir, dass wir die Strategie des Unternehmens verstehen und am Erfolg mitarbeiten.

Die Überzeugungstäterin weiß, welche Aufgaben das Unternehmen gerade besonders nach vorne bringen.

Wir brauchen einen Plan – und den müssen wir veröffentlichen

Den Begriff Karriere definiert wohl jede von uns anders. Das ist auch in Ordnung so. Bei allen Unterschieden im Hinblick auf das Ergebnis bleibt eines gleich: Wir müssen herausfinden, wo wir die größte Hebelwirkung erzeugen können. Oder anders gesagt: Wo ist die interessante Schnittmenge zwischen unseren Fähigkeiten und Talenten und dem, was die Welt (oder unser Unternehmen oder unser Kunde) am dringendsten braucht? Und bei all diesen Aufgaben, die wir hier identifizieren, sollten wir uns diejenigen herauspicken, die uns am meisten Freude machen und die auch noch gut bezahlt sind.

Nun nützt es nichts, wenn wir von diesen Jobs träumen. Wir müssen deutlich sagen, dass wir sie gerne hätten. Interessanterweise erfahren wir die größte Unterstützung, je konkreter wir unsere Ziele formulieren.

Die Überzeugungstäterin kündigt stets an, was sie vorhat.

Erst kürzlich erzählte mir meine Coachee Michaela, sie würde gern intern die Stelle wechseln und »irgendwas im Marketing« machen. Was sie denn am liebsten machen würde, wollte ich von ihr wissen. Das wolle sie gar nicht so einschränken. Sie wäre ja für alles offen. Dieses Ansinnen hatte sie auch gegenüber einer Mitarbeiterin der Personalabteilung schon das eine oder andere Mal beim Mittagessen geäußert. Doch daraufhin sei nichts passiert. Ich entlockte ihr dann doch, dass sie eine besondere Leidenschaft für Kundenveranstaltungen hätte. »Mir für unsere Premiumkunden ganz besondere, unvergessliche Erlebnisse auszudenken, stelle ich mir genial vor.«

Das gefiel mir schon besser. Ich ermutigte sie, sich ihren Traumjob einmal ganz konkret auszumalen. Dabei stellten wir fest, dass sie durchaus eine sehr konkrete Vorstellung davon hatte, was sie am liebsten tun würde und was es dem Unternehmen bringen könnte, aber auch, dass es diese Stelle im Unternehmen gar nicht gab, obwohl der Bedarf ganz offensichtlich schien. Im nächsten Schritt überlegten wir, wer ein Interesse haben müsste, eine solche Stelle zu schaffen. Es gab zwei Kollegen im Vertrieb, die immer wieder äußerten, dass für das Topkundensegment zu wenig gemacht würde. Nachdem sie mit diesen Kollegen das Gespräch gesucht hatte und diese dann auch einen Vorstand auf ihre Seite brachten, wurde das Thema gleich aus mehreren Richtungen an den Leiter der Marketingabteilung herangetragen. Der fand die Idee prima und freute sich auch gleich über Michaelas Initiativbewerbung, die sie zusammen mit Vorschlägen für erste Aktivitäten einreichte. Was sagt uns das: Niemand kann unsere Gedanken lesen! Wenn wir ein Ziel ins Auge gefasst haben und konkret sagen, was wir erreichen wollen, erhöhen wir die Chance, dass uns Unterstützung von allen Seiten zufliegt.

Manchmal passieren auch Dinge, die gar nicht logisch zu erklären sind. Ich gehe regelmäßig mit meinem Notizbuch in der Tasche wandern und mache dabei eine Art Strategiecoaching mit mir selbst. Dabei wurde mir vor einiger Zeit klar, dass es mich sehr reizen würde, internationaler zu arbeiten als bisher. Am liebsten würde ich einige Fernreisen mit meiner Arbeit verbinden und dabei ein wenig mehr von unserer Welt kennenlernen. Gleichzeitig könnte ich meine Englisch- und Französischkenntnisse vertiefen und verfeinern. Ich formulierte diese Idee in so mancher Gesprächsrunde. Und dann, ganz plötzlich, landete dieser Tage eine Anfrage in meinem Posteingang: Ob ich bereit wäre, für einen Teambuilding-Workshop nach Afrika zu reisen? Die Kundin hatte vor Jahren einmal ein Seminar bei mir besucht und erinnerte sich an mich. Offenbar reicht es manchmal, einen Wunsch konkret auszusprechen. Ich habe in meinem Leben schon ganz oft die Erfahrung gemacht: Je intensiver ich etwas will, umso mehr Türen scheinen sich ganz von selbst zu öffnen.

Die Überzeugungstäterin zieht Unterstützer und Erfolge magisch an.

Kein Wunder, wir können ja auch an uns selbst beobachten: Am liebsten helfen wir doch jemandem weiter, der für sein Thema brennt und mit ganz konkreten Ideen um die Ecke kommt. Einen Jugendlichen, der »irgendeinen Praktikumsplatz« braucht, würde ich nicht gern für mich arbeiten lassen oder an meine besten Kontakte vermitteln. Sagt mir aber jemand, dass er sich für Filmproduktion begeistert und hier gern mehr lernen würde, fallen mir auf Anhieb drei Geschäftspartner mit einem Medienunternehmen ein, wohin ich denjenigen empfehlen könnte. Eine wichtige Voraussetzung für das Erreichen neuer Ziele ist unsere Überzeugung, wohin wir wollen.

Mögliche Verbündete ansprechen und Gegner entwaffnen

Wie im oben beschriebenen Beispiel Michaela die Kollegen im Vertrieb zu ihren Verbündeten machte, gibt es für jedes Thema mögliche Unterstützer, die auch einen eigenen Vorteil daraus ziehen, wenn wir unser Ziel erreichen.

Und genauso gibt es Menschen, die gegensätzliche Interessen vertreten. Wenn es mein Ziel ist, Teamleiter zu werden, wird der aktuelle Teamleiter davon nicht begeistert sein. Außerdem habe ich sicherlich auch Wettbewerber, die auf denselben Job scharf sind. Damit muss ich aktiv umgehen! Da ist es natürlich gut zu wissen: Welche Ziele verfolgt der momentane Teamleiter? Welche Pläne hat er? Was gefällt ihm an seinem Job und was nicht? Ich könnte ja aktiv unterstützen, dass er befördert wird – dadurch wäre sein Stuhl frei für neue Bewerber.

Keine Angst vor Scheinwerferlicht!

Ich frage mich oft, warum insbesondere Frauen so zögerlich reagieren, wenn sie die Chance haben, ins Rampenlicht zu treten. Wer soll die Projektarbeit vor dem Vorstand präsentieren? Wer hält auf der Kundenveranstaltung einen kurzen Vortrag über unser neues Produkt? Es gibt Menschen, die dann voller Panik alle möglichen Schwierigkeiten vor Augen haben, die sich ergeben könnten: Was, wenn mir auf der Bühne die Stimme versagt, meine Präsentation nicht so gut ist, die Zuhörer allzu kritische Fragen stellen, die ich nicht beantworten kann?!? »Lieber nicht!«, lautet dann die Entscheidung. Und ein mutiger Kollege wird vorgelassen. Oder wir überlegen einfach zu lange, und jemand anderes hat uns in der Zwischenzeit die Gelegenheit zur Bühnenpräsenz vor der Nase weggeschnappt. Wie schade! Denn nun erntet der andere den Applaus, er wird als verantwortlicher Kopf mit dem Projekt in Verbindung gebracht und er wird beim nächsten Mal wieder angesprochen, wenn spannende Aufgaben verteilt werden.

Es gibt viele gute Gründe, die dafürsprechen, sich um Präsentationen zu reißen, wann immer sich die Gelegenheit dazu bietet. Denn: Je häufiger wir präsentieren, umso mehr Routine entwickeln wir.

- Mit jeder Präsentation werden wir sicherer und wirken überzeugender.
- Wir bauen uns einen Schatz an toll gestalteten Slides, die unsere Inhalte visualisieren, und können auf diese künftig zugreifen, wenn wir sie entsprechend anpassen.
- Wir bringen bei den Zuhörern ein Thema mit unserem Namen und unserem Gesicht in Verbindung.
- All diese Gründe sprechen dafür, Übungsflächen zu suchen, wann immer wir können. Also: bringen Sie sich ins Spiel, wann immer Repräsentationsaufgaben vergeben werden.

Das müssen auch nicht immer gleich Vorträge vor großem Publikum sein. Es gibt viele Gelegenheiten, bei denen wir Gesicht zeigen können:

- Beim Begrüßen neuer Mitarbeiter können Sie möglicherweise Ihren Bereich vorstellen und hinzufügen: »Ich bin hier verantwortlich für …«
- Als Organisatorin einer Veranstaltung können Sie begrüßen und wichtige Redner anmoderieren.
- Sie können Kunden begrüßen und ihnen den Teil des Unternehmens zeigen, bei dem Sie sich besonders gut auskennen.

Sie sind kein Bühnentyp?
Suchen Sie sich einen Partner!

Ich verstehe, dass es Menschen gibt, die wirklich höchst ungern vor größeren Gruppen sprechen und sich dabei nicht nur unwohl, sondern geradezu krank fühlen. Das sollte Sie nicht davon abhalten, Ihre Expertise laut zu zeigen! Lassen Sie mich das an einem Beispiel verdeutlichen:

Für ein Unternehmen bereitete ich eine größere Mitarbeiterveranstaltung vor. Ein neuer Abteilungsleiter sollte dabei auf der Bühne vorgestellt werden. Es handelte sich um einen enorm klugen Kopf, der jedoch zu einem sehr zurückhaltenden, schmalen Mann mit leiser Stimme und unauffälligem Auftreten gehörte. In der schriftlichen Kommunikation war er auch deutlich überzeugender als im persönlichen Gespräch. Außerdem neigte er zu komplizierten Schachtelsätzen mit vielen Substantiven und Fachbegriffen, die man erst einmal verdauen musste, wenn man sie nur hörte. Mir war klar, dass man hier in wenigen Wochen selbst mit dem tollsten Präsentationstraining keine Wunder erwarten durfte. So entschied ich gemeinsam mit dem Kunden, diesen Abteilungsleiter über eine Interviewsituation vorzustellen, statt ihn alleine auf die Bühne zu stellen. Die wortgewandte Leiterin der Unternehmenskommunikation präsentierte den neuen Kollegen über ein witziges Zwiegespräch, das überraschende Fragen enthielt und den Zuhörern Laune machte. Erstaunlicherweise veränderte der Abteilungsleiter im Interview auch seine Sprache: Er passte sich der leichten, verständlichen und einfacheren Art des Sprechens an, die seine Interviewpartnerin pflegte. Mit der Sprache verhält es sich nämlich wie in einem Tennismatch: ein weich gespielter Ball wird meist auch weicher zurückgeschlagen.

Es ist kein Schwächezeichen, sich einen besonders bühnentauglichen Partner zu suchen und mit ihm gemeinsam aufzutreten. Günther Jauch begann seine Karriere vor vielen Jahren als Radiomoderator. Seine eher ruhige Art, seine perfekte Vorbereitung und sein sachliches Herangehen an Gespräche machten ihn nicht sofort berühmt. Nicht jeder erkannte den feinen, klugen, hintergründigen Humor. Erst im Dialog mit Thomas Gottschalk, mit dem er in den 1980er Jahren gemeinsam moderierte, kam er zum Glänzen. Die Aufgabenteilung, die Gottschalk für die gemeinsame B3-Radioshow vorgab, war klar: »Ich mache Dallas und erzähl, was Miss Elly für ein neues Hackbratenrezept hat, und du erzählst vom FDP-Parteitag.« Das Konzept überzeugte, die witzigen Übergaben von Gottschalk an Jauch wurden Kult.

Die Überzeugungstäterin weiß, wo sie gut ist und wo nicht. Sie sucht sich passende Unterstützer.

Damit wir aber überhaupt die Chance haben, uns ein Leuchtturmprojekt zu angeln, müssen wir dafür freie Zeiten blockieren. Es ist für eine Überzeugungstäterin also überaus wichtig zu lernen, öfter Nein zu sagen zu Routineaufgaben und undankbaren Hilfsjobs.

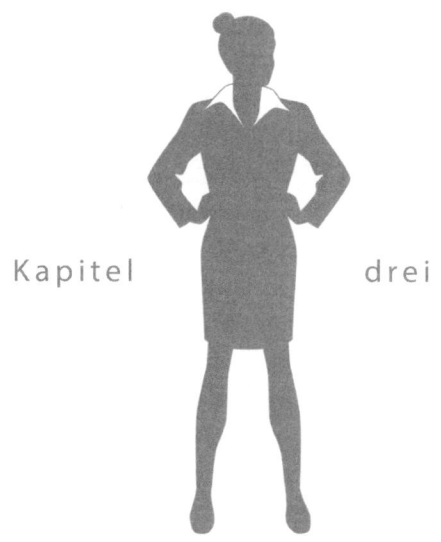

Kapitel drei

NEINSAGEN

Es ist wichtig, dass wir genau wissen, wo unsere Grenzen sind

Können Sie gut Nein sagen? Es ist wirklich schwierig, standhaft zu bleiben, wenn unsere Mitmenschen ganz genau wissen, welche Knöpfe sie bei uns drücken müssen, damit wir genau das tun, was sie wollen. »Niemand kann das so gut wie du!«, »Bitte, mach's mir zuliebe!« oder »Tu's für unser Team!« »Ich würde es ja selbst, aber du weißt …«

Und natürlich verstehen wir vollkommen, dass diese Arbeit jetzt gemacht werden muss und keinesfalls liegenbleiben kann. Wir wollen ja auch niemanden hängenlassen. Aber warum trifft es immer uns? Ganz einfach: Weil wir nicht Nein sagen können.

Wer immer das Gefühl hat, die Arbeit im Job wird gerecht aufgeteilt und die Zusammenarbeit mit Kollegen ist geprägt von freundlichem Geben und Nehmen, kann dieses Kapitel ja einfach überspringen. Für alle anderen habe ich hier einige Kniffe, die uns vor Überarbeitung schützen können und dafür sorgen, dass andere nicht mehr mit jedem Kinkerlitzchen zu uns kommen. Eine Überzeugungstäterin wird nicht mehr als »Mädchen für alles« missbraucht. Man erkennt ihre Stärken und sieht sie als wertvolle Expertin.

Die Überzeugungstäterin lässt sich nicht ausnutzen.
Sie ist lösungsorientiert, kennt aber ihre eigenen Grenzen.

Bevor wir unsere Grenzen definieren und überhaupt wissen, welche Aufgaben wir gern annehmen wollen und zu welchen wir besser Nein sagen, brauchen wir einen klaren Überblick über unsere Zeit und Klarheit, welche Themen für uns wichtig sind. So ist unser Terminplaner im besten Fall belegt mit den Aufgaben, die *wir* erledigen wollen, und hat wenig freien Platz für das, was andere uns aufs Auge drücken wollen.

Unsere Zeit ist kostbar – wir sollten sie uns mit Bedacht einteilen!

Mit unserer Zeit verhält es sich wie mit unserem Geld: Wir müssen mit beidem sorgsam umgehen. Wer mit losem Geldbeutel fröhlich herumläuft und jeden auf ein Eis einlädt, der eins haben möchte, ist irgendwann pleite. Genauso verhält es sich mit unserer Zeit: Ohne Planung sind wir verloren. Doch um planen zu können, müssen wir erst einmal analysieren: Was geschieht im Augenblick mit unserer Zeit? Womit beschäftigen wir uns wie lange?

Die Überzeugungstäterin kennt ihr Zeitbudget und weiß genau, wie viel sie wofür übrighat.

Manche Unternehmen verlangen von ihren Mitarbeitern eine exakte Buchführung, wie viel Zeit sie für bestimmte Projekte verwenden, um später mit ihren Kunden exakter abrechnen und Potenziale gezielter steuern zu können.

Auch wenn diese Arbeit lästig erscheint, so ist es doch hilfreich, einen Überblick zu bekommen, womit wir unsere Tage verbringen. Denn nur, wenn wir wissen, wofür wir unsere Zeit nutzen, können wir sie sparen oder gezielter einsetzen. Es fällt uns dann etwas leichter, Nein zu sagen, wenn Anliegen an uns herangetragen werden, für die wir schlicht keine Zeit übrighaben.

Technische Helferlein unterstützen
die Zeitbuchführung

Ähnlich wie für die Haushaltskasse gibt es sogar Apps und andere Lösungen, die uns helfen, einen Überblick über unser Zeitbudget zu gewinnen. Handys haben mittlerweile gelernt, uns automatisch Bildschirmzeit aufzuzeigen und uns genau aufzuschlüsseln, wie viele Minuten wir mit dem Bearbeiten von E-Mails, mit Spielen oder dem Plaudern auf Social-Media-Plattformen verbringen. Sieht man erst einmal schwarz auf weiß, wie viele Stunden wir sinnlos verdaddeln, liegt die Überlegung nah:

Wie schön wäre es doch, wenn ich es schaffen könnte, einige dieser ineffizienten Minuten zielführender einzusetzen! Seit ich Pausen und Wartezeiten nicht mehr mit sinnlosen Candy-Crush-Spielen überbrücke, sondern stricke, staune ich regelmäßig über all die Pullover und Jacken, die ich im Laufe eines Jahres anfertige.

Für den Computer hilft das Programm RescueTime, wenn wir herausfinden wollen, wie viel Zeit wir für welche Aktivitäten verwenden. Die Software läuft im Hintergrund mit und merkt sich genau, welche Programme wir öffnen, welche Dateien wir bearbeiten und welche Internetseiten wir aufrufen. Wann immer wir es wünschen, liefert uns RescueTime eine Zwischenauswertung. Einzige Voraussetzung: Wir müssen zu Beginn selbst definieren, welche Anwendungen wir zur privaten Unterhaltung nutzen und welche etwa der Informationsbeschaffung dienen. Ich wüsste nicht genau, wie ich beispielsweise meine Nutzung von Facebook zuordnen sollte. Hier verbringe ich zwar tatsächlich viel Freizeit und lese Posts meiner Freunde. Doch ich nutze das Netzwerk auch für Recherchezwecke oder chatte mit Kunden.

Besonders clever und auch schön im Design ist das Tool Zei°, eine Kombination aus einem haptischen Oktaeder, der auf dem Schreibtisch wie ein Schmuckstück aussieht, und einer Online-Zeitkalkulation. Das Oktaeder sieht aus wie zwei Pyramiden, die auf ihrer Grundfläche zusammengeklebt wurden. Jede der acht Seiten kann ich selbst einer Art von Aufgabe zuordnen und diese Seite selbst entsprechend beschriften. Nun drehe ich das Oktaeder immer so, dass ich meine aktuelle Aktivität sehen kann. Bevor ich beispielsweise einen Kunden anrufe, lege ich die Seite »Kundenkommunikation« nach oben. Die mit meinem Computer oder Handy verbundene Software stoppt ab nun die Zeit, die ich hierfür verwende. Arbeite ich an meiner Präsentation weiter, drehe ich das Oktaeder auf »Projektarbeit« und fahre fort. Gehe ich in ein Meeting, drehe ich das Oktaeder wieder weiter. Mache ich eine Pause oder beende ich meinen Arbeitstag, drehe ich in eine Ruheposition und pausiere die Aufnahme. Vergesse ich das Drehen einmal, kann ich die Zeiteinheiten später manuell korrigieren, damit wieder alles stimmt.

Allein dadurch, dass ich immer wieder das Oktaeder zur Hand nehme und meine nächste Aktivität definiere, mache ich mir bewusst, wie ich im Alltag meine Zeit verbringe. Ich könnte mir vorstellen, dass es für ein Team sehr hilfreich sein kann, wenn alle diese Art der Zeiterfassung einmal für ein paar Wochen testen und anschließend in der Gruppe diskutieren. Bei einem meiner Kunden halten gerade die Abteilungsleiter fest, wie viel Zeit sie beispielsweise wöchentlich für »Kommunikation mit dem Team« und für »andere Führungsaufgaben« verwenden. Ich freue mich schon jetzt auf den Workshop, bei dem wir uns über die Erfahrungen und Ergebnisse austauschen!

Welches Hilfsmittel wir auch nutzen: Es lohnt sich in jedem Fall einmal genauer hinzusehen, wofür wir unsere Zeit verwenden. Denn nur wenn wir das wissen, können wir Zeit sparen oder besser einteilen.

Zeitfenster blocken und Freiräume für Wichtiges schaffen

Termine neben der Arbeit, die uns wichtig sind, können andere nicht erahnen. Um von anderen mehr Respekt für die persönliche Zeitplanung zu bekommen, ist es wichtig, dass wir unsere Termine auch in geteilte Kalender eintragen. Damit sind die Zeitfenster erst einmal geblockt. Kollegen können nun schon aus technischen Gründen nicht mehr ungefragt über unsere Zeit verfügen und uns einfach irgendwelche Meetingeinladungen schicken, die dann automatisch und ohne unsere Zustimmung im Kalender landen. Natürlich geht es niemanden etwas an, was wir in unserer Freizeit genau vorhaben. Es ist also völlig legitim, sich für »Termin beim Frauenarzt«, »Laternebasteln« oder »Stammtisch« ein lustiges Codewort zu überlegen. Eine Freundin trug ihre Treffen mit Freundinnen stets als »Meeting Hugo Meier« ein, weil Hugo ihr Lieblingsgetränk ist.

Die Überzeugungstäterin reserviert sich »Ich-Zeiten« im Kalender.

Doch nicht nur private Aktivitäten sollten im Kalender Zeitblocker erhalten. Auch Vorbereitungszeiten vor Besprechungen oder das Ausarbeiten von Unterlagen braucht Zeit. Wer diese nicht gleich reserviert, riskiert in manchen Unternehmen, dass der eigene Kalender irgendwann ausschließlich aus Besprechungen mit anderen besteht. Offenbar geht man dort davon aus, dass man sich Toilettenpausen verkneift und Schreibtischarbeiten grundsätzlich abends im Homeoffice erledigt werden.

Scheinbar lieben wir »Hausfrauenarbeiten«

Hausfrauenarbeiten nennt man alles, was nur auffällt, wenn es einmal nicht gemacht ist. Und damit beschäftigen wir Frauen uns reichlich. Das ist kein Geheimnis, und ich möchte auch kein Feuer ins Öl gießen, nur so viel:

Offenbar können Frauen besonders dann schlecht Nein sagen, wenn es um eine »gute Tat« für die Gesellschaft geht. Wenn Frauen sich ehrenamtlich engagieren, tun sie es häufig für soziale Hilfsorganisationen, Seniorenhilfe, Nachbarschaftshilfe oder Schulen und Kindergärten, wohingegen Männer ihre Zeit lieber in Sportvereinen einbringen. Hinzu kommen die vielen Wochenstunden, die Frauen mit dem Erledigen von Hausarbeit verbringen. Das Erledigen von Schmutzwäsche, Kochen, Putzen, Einkaufen liegt in vielen Haushalten noch überwiegend in weiblicher Hand.

Laut einer Studie der internationalen Arbeitsorganisation ILO verbringen Frauen durchschnittlich 4 Stunden und 29 Minuten täglich mit Erledigungen im Haushalt. Männer schonen sich und bringen es gerade einmal auf eine Stunde und 24 Minuten, das ist gerade einmal ein Drittel. Als wäre es irgendwie genetisch bedingt, dass wir den Einschaltknopf von Haushaltsgeräten leichter fänden als Männer!

Rechnet man Erwerbsarbeit und unbezahlte Arbeit zusammen, sind Frauen durchschnittlich 55 Wochenstunden aktiv, Männer 49 Stunden. Doch warum putzen wir so viel mehr? Selbst Haushalte ohne Kinder, in denen beide Partner berufstätig sind, kopieren das Macholebensmodell von anno dazumal.

Eine Kundin, leitende Führungskraft in einem Pharmaunternehmen, erklärte mir das kürzlich so: Sein Anspruch an Sauberkeit sei einfach ein anderer. Und da sie keine Lust hätte, in einer unaufgeräumten Wohnung zu sitzen, erledige sie das eben selbst. Eine Putzfrau übernahm immerhin einmal wöchentlich die Grundreinigung. Warum sie dann nicht noch mehr Haushaltsarbeiten delegiere? »Er mag es nicht so gern, wenn noch öfter jemand Fremdes in unserer Wohnung ist.« Wie schön, dass es ihn offenbar nicht stört, seiner Frau beim Putzen zuzusehen.

Eine andere Bekannte erzählte mir, sie übernähme gern mehr Arbeit im Haus, »um ihn zu entlasten«, weil er ja so viel arbeite. Auf die Idee, selbst auch ab und zu länger im Büro zu bleiben und für diese Arbeit ordentlich bezahlt zu werden, kam sie offenbar noch nicht. Wäre eine Alternative! Vielleicht käme er dann ja auch auf die Idee, ihr ein schönes Nest zu bereiten, wenn er regelmäßig früher nach Hause kommt als sie. (Nein, ich bin nicht naiv, sondern verwöhnt! Solche Männer gibt es wirklich!)

Auch im Bereich der privaten Aufgabenverteilung gilt: Wenn wir nicht klar sagen, was wir wollen und wo unsere Grenzen sind, ist es eher unwahrscheinlich, dass andere für uns mitdenken und uns ungefragt Arbeit abnehmen. Gewohnheiten schleichen sich ein und die Mehrarbeit wird noch nicht einmal als solche wahrgenommen. Wer es gewöhnt ist, beim Griff in den Geschirrschrank immer saubere Tassen vorzufinden, egal ob im Büro oder zu Hause, kommt schon mal zu dem Schluss, dass diese von selbst nachwachsen.

Die Überzeugungstäterin erzieht ihre Umgebung zum Mithelfen.

Wenn wir schon mal dabei sind: Ich halte es auch für keine gute Idee, wenn es immer die Frauen sind, die selbstgebackenen Kuchen zu firmeninternen Veranstaltungen und Festen mitbringen. Ganz ehrlich: Ein Kuchenrezept nachzulesen und das Rührgerät einzuschalten, schafft wohl jeder. Mit der freundlichen Geste, allen in jedem Meeting den Kaffee einzuschenken, erziehen wir unsere männlichen Kollegen nur dazu, sich wie auf Omas Sofa zu fühlen. Es entsteht nur allzu schnell der Eindruck, alle Frauen würden sich so schrecklich gern um die Bewirtung kümmern. Wir erweisen damit uns und allen anderen Frauen einen Bärendienst. Ist das Verwöhnverhältnis jedoch ausgewogen und bekommen auch wir ab und zu einen Cappuccino an den Schreibtisch gebracht, spricht natürlich überhaupt nichts dagegen, ebenso freundlich zu sein. Die gesunde Mischung macht's.

Privat wie beruflich schnappen wir uns zielsicher gern die unauffälligen Unterstützungsarbeiten, die immer nur dann gesehen werden, wenn sie nicht gemacht wurden: Wir erledigen die Buchhaltung, unterstützen als Sekretärin, organisieren schöne Events im Marketing. Im Vertrieb jedoch, wo Ergebnisse klar gemessen und Erfolge gefeiert werden können, sind wir nur zu etwa einem Drittel vertreten. Damit will ich nicht sagen, dass administrative Tätigkeiten nicht wichtig wären oder Spaß machen können. Wir sollten nur aufpassen, dass wir nicht vor lauter Hingabe für die Unterstützung anderer zu wenig gesehen und honoriert werden. Ein gewisser Anteil des Gender-Pay-Gap kommt auch durch die unterschiedliche Berufswahl zustande. Im schlecht bezahlten Gesundheitssektor teilen sich die Jobs zu 77 Prozent auf Frauen und nur zu 23 Prozent auf Männer auf. Einen enormen Frauenanteil gibt es auch im Bereich Erziehung und Unterricht (71 Prozent) und in privaten Haushalten und sonstigen Dienstleistungen finden sich ebenfalls rund zwei Drittel Frauen.

An dieser Verteilung wird sich wohl so schnell nichts ändern. Laut einer Befragung aus dem Jahr 2017 könnte man schließen: Mädchen wollen tendenziell lieber helfen, Jungs wollen Helden sein. Jugendliche träumen immer noch von klassischen Berufen.

Sozialversicherungspflichtig Beschäftigte nach Branchen, Geschlecht
und Arbeitszeit (Juni 2018, 15 bis unter 65 Jahre, Anteile in Prozent)

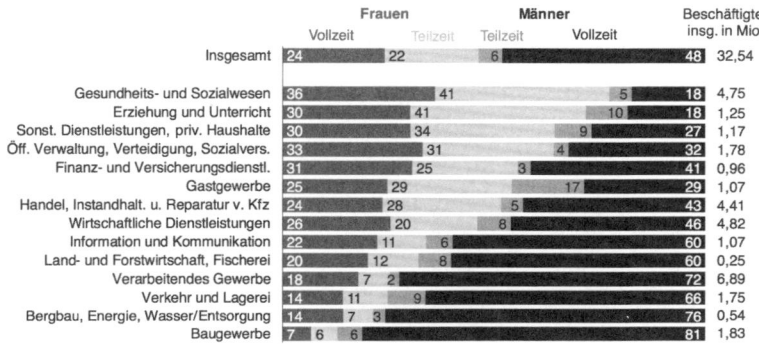

Datenquelle: Statistik der Bundesagentur für Arbeit

Anteile ohne nicht zuordenbare Angaben

Top 10 der bei Mädchen und Jungen beliebtesten Berufe

Mädchen	Jungen
1. Tierärztin (22 Prozent)	1. Polizist (19 Prozent)
2. Lehrerin (9 Prozent)	2. Pilot (10 Prozent)
3. Ärztin (8 Prozent)	3. Feuerwehrmann (6 Prozent)
4. Polizistin (6 Prozent)	4. Fußballprofi (6 Prozent)
5. Prinzessin (4 Prozent)	5. Astronaut (4 Prozent)
6. Sängerin (3 Prozent)	6. Arzt (3 Prozent)
7. Schauspielerin (3 Prozent)	7. Lokführer (2 Prozent)
8. Erzieherin (3 Prozent)	8. Lehrer (2 Prozent)
9. Krankenpflegerin (2 Prozent)	9. Tierarzt (2 Prozent)
10. Astronautin (2 Prozent)	10. Koch (2 Prozent)

Quelle: Appinio im Mai 2017

Es wurden 1 850 junge Menschen zwischen 14 und 30 Jahren befragt.

Eigene Grenzen definieren

Wenn ein wichtiger Kunde bis spätestens morgen früh um 8 Uhr ein Arbeitsergebnis braucht und unser Kollege jetzt dringend seine Kinder von der Kita abholen muss, ist ja klar, dass wir länger bleiben und den Job übernehmen. Aber ist es das wirklich? Vielleicht gibt es ja noch eine andere, kreative Lösung für das Problem. Wenn das Kind seine Fischstäbchen aufgegessen hat und die Sandmann-Geschichte zu Ende gehört hat, lassen sich liegengebliebene Präsentationen auch am Rechner zu Hause fertigstellen. Und demjenigen, der die Arbeit begonnen hat, geht die Aufgabe sicher schneller von der Hand als jemandem, der sich neu hineindenken muss.

Wie viele Sonderschichten tun uns und dem Team gut? Was ist »gesund« im wahrsten Sinne des Wortes? Warum sollten kinderlose Mitarbeiter dreimal so viele Überstunden leisten wie andere? Wir sollten uns einmal ganz in Ruhe – losgelöst von akuten Forderungen und Bedürfnissen anderer – Gedanken machen, wie viele Arbeitsstunden wir bereit sind, als Gegenleistung für unser Gehalt zu liefern. Denn wir alle brauchen unseren Schlaf, unsere Ruhepausen, Zeit für Freunde, für unsere Balkonblumen, für uns selbst. Und dafür müssen wir uns nicht entschuldigen oder rechtfertigen. Ein gesunder, gut gelaunter Mitarbeiter braucht gewisse (Selbst-)Pflege. Den Motor unseres Autos würden wir auch nicht über Wochen und ohne Pause auf Hochtouren laufen lassen. Spätestens wenn irgendwelche Lämpchen anfangen zu blinken, bringen wir das geliebte Stück in die Werkstatt. Wer sich mit Motoren nicht so gut auskennt, ist damit überfordert, Defekte ohne Warnlämpchen zu erkennen.

Die Überzeugungstäterin achtet auf ihre Gesundheit, auf ihren Schlaf und auf ihr eigenes Wohlbefinden.

Sagen Sie es, wenn es Ihnen zu viel wird

Wenn unsere Chefin oder unser Chef nicht so erfahren sind in der Mitarbeiterführung, braucht es umso klarere Worte, wenn es uns zu viel wird. Es gibt Regeln und Gesetze, die Arbeitnehmer schützen. Und ich halte es auch gar nicht für patzig, diese gelegentlich zu zitieren.

Kommen eine Chefin oder ein Vorgesetzter also zum wiederholten Mal mit einem Sonderauftrag um die Ecke, der nicht in der regulären Arbeitszeit zu bewerkstelligen ist, kann man schon einmal kontern: »Sehr gern würde ich Sie entlasten und diese Aufgabe übernehmen. Leider verbietet es mir das Arbeitsschutzgesetz, meinen Arbeitstag noch weiter zu verlängern. Wie können wir das jetzt lösen?« Der Gesetzgeber fordert, dass ein Arbeitstag nicht länger als zehn Stunden dauern sollte. Bis zum Beginn des folgenden Arbeitstags sollten wenigstens elf Stunden Pause sein. Wer also mit uns als Mitarbeiterin am späten Abend E-Mails austauscht (und ausdrücklich eine sofortige Antwort wünscht), sollte nicht davon ausgehen, dass wir dann am nächsten Morgen um 8 Uhr im Büro sitzen.

Klare Kommunikation ist sehr hilfreich!

Wer freiberuflich arbeitet, muss selbst abwägen, wie er die Gratwanderung zwischen herausragendem Kundenservice und Selbstschutz hinbekommt.

Ich persönlich habe die Erfahrung gemacht, dass Auftraggeber wunderbar damit zurechtkommen, wenn sie gleich zu Beginn einer Zusammenarbeit meine Spielregeln kennen. Gebe ich ein Angebot ab, erwähne ich darin auch, in welchem Zeitraum ich meine Leistung erbringe, wie ich mit Änderungs- und Ergänzungswünschen meiner Kunden umgehe. Ich definiere ganz klar, was ich als Sonderleistung betrachte und wie ich diese berechne. Und ich erwähne, zu welchen Zeiten ich erreichbar bin und wie schnell ich reagieren kann. Bereite ich also einen großen Workshop mit vielen Mitarbeitern eines Unternehmens vor, zu dem mir die Teilnehmer ihre Erwartungen und Themenwünsche nennen, ist es wichtig zu sagen, bis wann ich ihre E-Mails in dieser Angelegenheit entgegennehme und noch inhaltlich berücksichtigen kann. Sage ich dazu nichts, habe ich es schon öfter erlebt, dass ich noch am Abend vor dem Workshop gegen Mitternacht seitenlange E-Mails erhielt.

Eine solche Auftragsklärung kann ich natürlich auch mit meinem Arbeitgeber praktizieren und so ganz einfach feststellen, ob dieser Erwartungen an mich hat, die ich nicht erfüllen kann.

Nicht zu viel umsonst arbeiten, auch nicht für den »guten Zweck«

Würden Sie bitte meine Blumen gießen während meines Urlaubs? Und ich sammle gerade für eine Spendenaktion für unseren Kollegen, der hat durch einen Brand sein Haus verloren und war nicht ausreichend versichert. Könnten Sie mein Protokoll fertigschreiben? Ich habe solche Kopfschmerzen und würde gern früher gehen.

Wie viele solcher Anfragen landen jeden Tag bei Ihnen?

Ich selbst könnte sicherlich 50 Vorträge im Jahr »für lau« halten, weil sympathische Frauennetzwerke oder unterfinanzierte Universitäten mich darum bitten. Und ich verstehe völlig, dass manchmal einfach kein Honorar gezahlt werden kann. Und natürlich werde ich sofort weich, wenn mir vor Augen geführt wird, welch gutes Werk ich hier doch für die Frauen, für tolle Studentinnen und Studenten oder für wahnsinnig interessante Entscheider großer Firmen leisten könnte und dass es sich ja vielleicht am langen Ende sogar geschäftlich auszahlen könnte. Doch mein Vermieter würde wohl wenig Verständnis dafür zeigen, wenn ich mit denselben Argumenten versuchte, mich um die monatliche Miete für die Wohnung zu drücken.

Also habe ich für mich einfach mal in einer stillen Stunde definiert, wie viele Gratisvorträge ich bereit bin, unserer Gesellschaft zu spenden. Diese Zahl habe ich genau im Kopf. Wenn mich nun jemand über dieses Zeitkontingent hinaus bittet, mich irgendwo einzubringen, kann ich viel eleganter absagen als nur mit einem knappen Nein. »Das klingt wirklich nach einer tollen Veranstaltung, die Sie da planen. Nur leider ist mir das in diesem Jahr zeitlich nicht mehr möglich. Sollten Sie im nächsten Jahr etwas Ähnliches vorhaben, sagen Sie mir bitte rechtzeitig Bescheid.«

Erinnern Sie auch ruhig daran, wie oft sie in der Vergangenheit eingesprungen sind, wenn ein freundlicher Kollege Sie gebeten hatte, eine Extraleistung zu erbringen, die nicht selbstverständlich ist. Verknüpfen Sie dieses Argument mit einer Forderung: »Darf ich dich erinnern, dass ich in diesem Monat schon dreimal das Protokoll unser Projektbesprechungen geschrieben habe? Ich finde es fair, wenn nun mal jemand anderer dran ist.«

Die Frage »Findest du es fair, wenn ich nun schon wieder dran bin?« hingegen dürfte riskant sein. Sie unterstellt, der andere sei unfair. Und er muss sich natürlich nun in seiner Entscheidung rechtfertigen und darstellen, warum sein Arbeitsauftrag völlig in Ordnung ist.

Immer das Beste annehmen: Der andere meint es gut mit uns

Wir sollten davon ausgehen, dass uns niemand ärgern will, wenn er uns um etwas bittet oder uns einen Auftrag erteilt. Auch dann nicht, wenn uns eine zusätzliche Arbeit gar nicht in den Kram passt, denn niemand kann genau wissen, womit wir uns gerade beschäftigen, wie ausgelastet wir sind und welche Prioritäten wir aktuell haben. Deshalb sollten wir genau das transparent machen und gemeinsam mit unserem Kollegen oder Auftraggeber besprechen, wie sein Problem nun am besten gelöst werden kann. Werden wir gebeten, eine Zusatzaufgabe zu erledigen, können wir ja erst einmal grundsätzliche Bereitschaft signalisieren: »Das übernehme ich gern!« Und dann bitten wir unsere Führungskraft, mit uns zusammen die Prioritäten neu festzulegen: »Können wir bitte gemeinsam überlegen: Ich jongliere gerade diese fünf Bälle in der Luft. Welchen kann ich für die aktuelle Aufgabe fallen lassen?«

Lieber ein wenig lauter arbeiten: Ankündigen machen, Zwischenstände liefern, über Ergebnisse berichten

Überlegen Sie selbst: Wem würden Sie am ehesten eine Zusatzaufgabe zur Erledigung übergeben? Wohl am ehesten jemandem, von dem Sie ausgehen, dass er gerade nicht ausgelastet ist. Team- oder Projektleiter verteilen täglich Aufgaben. Wenn sie von einigen ihrer Leute nicht wissen, womit die sich gerade beschäftigen, gehen sie fast immer davon aus, dass es freie Kapazitäten gibt. Auch wenn wir nicht dazu aufgefordert werden, ist es immer eine gute Idee, wenn wir andere wissen lassen, wie wir unsere Zeit und Prioritäten gerade einteilen.

Ein Beispiel: Eine Coachingklientin schickt ihrem Chef seit einiger Zeit jeden Montag unaufgefordert eine kurze E-Mail, in der sie ihre Aktivitäten zusammenfasst. In Stichworten benennt sie, was sie in der letzten Woche erledigt hat und was in dieser Woche ansteht. Sie berichtete mir, dass sie seitdem den Eindruck hat, dass sie von ihm seltener für Zusatzaufgaben angesprochen wird. Er sieht es ja schwarz auf weiß, mit welchen Themen sie gerade befasst ist und was Priorität auf ihrem Schreibtisch hat. Dieses Vorgehen ist deutlich professioneller als die Strategie von anderen, die jeden Tag laut jammern, dass sie »soooo viel zu tun« hätten. Doch auch das kann funktionieren und Kleinkram fernhalten.

Die Überzeugungstäterin informiert Vorgesetzte oder Kunden aktiv über den Zwischenstand ihrer Arbeit.

Unverschämte Bitten gekonnt abwehren

Auch wenn wir immer nur das Beste annehmen: Ab und zu spricht uns tatsächlich jemand mit einer unverschämten Bitte an. Wir sollen einem Kollegen aus einer ganz anderen Abteilung doch bitte einen Kaffee an den Schreibtisch bringen. Jemand anderer möchte, dass wir seine Hemden bei der Reinigung abholen (Doch, so etwas soll tatsächlich schon vorgekommen sein.). Oder jemand wünscht, dass wir schwere Akten in ein anderes Büro transportieren.

Es hat oft schon Wirkung, wenn wir die Forderung noch einmal mit eigenen Worten wiederholen. »Verstehe ich es richtig, du möchtest, dass ich *deinen* Text fertigstelle, weil *du* jetzt im Biergarten verabredet bist?« Nun ist wichtig: Blickkontakt halten und ausdauernd schweigen. Nicht sofort auf die erste spontane Antwort reagieren, sondern mindestens zehn Sekunden Sprechpause aushalten. Profis ziehen eine Augenbraue ganz leicht nach oben und schaffen es außerdem, einen ernsten Gesichtsausdruck zu behalten.

Die Überzeugungstäterin merkt es sofort, wenn jemand sie verärgern will oder einfach mal probiert, wie weit er gehen kann.

Was auch häufig passt: mit Effizienz argumentieren

Es sollte jedem einleuchten, dass es nicht ökonomisch ist, wenn Menschen Aufgaben verrichten, die nicht das Geringste mit ihrer Qualifikation und Stellenbeschreibung zu tun haben. Natürlich müssen manche Dinge erledigt werden. Und wenn es niemanden gibt, der die Aufgabe hat, sich um das Geschirr im Büro zu kümmern, sollten auch promovierte Kolleginnen und Kollegen sich nicht zu schade sein, ihre Kaffeetasse selbst in die Spülmaschine zu stellen.

Wird aber immer dieselbe Person aufgefordert, diesen Job zu erledigen, nur weil es alle anderen nicht gern machen, muss man rechtzeitig Grenzen setzen, bevor sich alle daran gewöhnen. »Das wird aber ein wirklich teurer Kaffee, wenn ich den hier mit meinem Gehalt immer für alle servieren soll.«

Die Überzeugungstäterin hat immer den Nutzen für das Unternehmen im Kopf und argumentiert entsprechend.

Augenzwinkernd abwehren mit Ironie und Witz

Vorausgesetzt, unser Gegenüber ist intelligent genug, Ironie auch als solche zu erkennen, kann ein ironischer Spruch auch Leichtigkeit und Humor in die Konversation bringen. »Aber natürlich schreibe ich Ihren Messebericht für Sie gleich mit. Soll ich Ihnen dabei noch Ihre Schuhe putzen oder reicht es Ihnen, wenn ich Ihnen ein Bier hole, damit sie nicht durstig werden, während Sie mir bei der Arbeit zusehen?«

Besonders gut gefällt mir auch diese Variante: Einfach lauthals lachen und sagen »Ich kenne auch einen guten Witz. Geht ein Mann zum Arzt ...«

Ich gebe zu, das ist schon sehr frech. Ich würde einen solchen Spruch oder einen demonstrativen Lachanfall nicht bei einem Vorgesetzten im Unternehmen anbringen oder gar bei einem Kunden. Doch sobald ich das Gefühl habe, ein Kollege auf Augenhöhe probiert gerade aus, wie weit er bei mir gehen kann, werde ich schon mal ein wenig schärfer im Ton. Meist imponiert es dem anderen dann, dass ich mir nicht alles gefallen lasse, und er lässt mich künftig in Ruhe.

Konfrontation dieser Art können uns also schützen. Wir müssen gar nicht mehr so oft Nein sagen, weil vieles gar nicht mehr an uns herangetragen wird.

Den Überraschungsmoment umkehren: den Zehn-Minuten-Joker ausspielen

Manche Vorgesetzte oder Kollegen haben den Dreh raus, andere einfach zwischen Tür und Angel zu überfallen: »Könnten Sie bitte eben noch schnell ...« oder »Ich habe da noch eine kleine Bitte ...«, und ehe wir bis drei zählen können, sind sie schon wieder davongeeilt.

Wer überrascht wird, macht eher Zugeständnisse. Sagen Sie also bloß nicht allzu schnell »okay«, versuchen Sie lieber, Zeit zu gewinnen. Und spielen Sie den »Zehn-Minuten-Joker« aus: »Da muss ich einen Moment drüber nachdenken. Lassen Sie mich gerade noch hier etwas zu Ende machen. Können wir das in zehn Minuten besprechen?« Es kann gut sein, dass sich das Problem in diesen zehn Minuten bereits erledigt hat. Der Zehn-Minuten-Joker verschafft uns einen Moment Zeit, uns gute Argumente für eine Antwort zu überlegen.

Tauchen wir tatsächlich in der verabredeten Zeit im Türrahmen auf, bestätigen wir damit außerdem unser Image als verlässliche und gewissenhafte Zeitgenossen, selbst wenn wir dann die Bitte ablehnen. Das gilt natürlich auch für telefonische Überfälle.»Lassen Sie mich gerade noch ein Telefonat auf der anderen Leitung beenden. Ich melde mich gleich wieder bei Ihnen«.

Wer ohne nachzudenken jeden Arbeitsauftrag immer sofort jubelnd entgegennimmt, wirkt im schlimmsten Fall planlos und impulsiv. Menschen, die ein paar Minuten über Neues nachdenken, wirken bedacht und viel eher so, als hätten sie ihre Aufgaben und ihren Terminkalender im Griff.

Die Überzeugungstäterin lässt sich niemals überrumpeln.

Kennen Sie das Bild vom»Monkey's Business«? Jede Kollegin und jeder Kollege hat symbolisch für verschiedene Aufgaben einen Affen auf der Schulter sitzen und versucht nun, diesen auf die Schultern anderer zu übertragen. Wer nach bloßer Schilderung eines Dilemmas sofort sagt»Oh, da haben *wir* ja jetzt ein Problem!«, hat sich freiwillig schon halb einen Affen geholt. Ein»Oh, das tut mir leid, da hast *du* ja ein Problem!«, verbunden mit lässiger, zurückgelehnter Körperhaltung und bedauerndem Gesichtsausdruck zeigt Empathie, belässt aber den Affen beim anderen.

Erst wenn dieser die Aufgabe ganz deutlich an uns übertragen will, müssen wir konkreter formulieren. Ansonsten ist Schweigen auch hier ein gutes Hilfsmittel als erste Reaktion. Solange wir nicht direkt nach etwas gefragt werden, ist ja noch gar keine Antwort erforderlich.

Vorsicht, Wortwahl! Keine Affen
auf die Schulter nehmen

Ich muss immer wieder schmunzeln, wenn ich beobachte, dass manche Menschen Zusatzarbeit förmlich an sich reißen. Da genügt ein allgemein Dahingesagtes »Seltsam, der Kaffee ist ja schon wieder alle!« Und schon laufen sie los, um Nachschub zu organisieren. Dabei wird dann gern vor sich hin geschimpft, dass man doch schon beim letzten Mal... Und irgendwer anderes könnte doch auch mal... Aber wozu? Es ist ja schon erledigt. Jemand hat aus dem Satz »der Kaffee ist alle« sofort herausgehört: »Du sollst neuen Kaffee organisieren!« Ausgesprochen wurde das aber nicht.

Wichtig: Wenn ein Kollege oder Mitarbeiter ein Problem schildert, sollten wir es nicht an uns reißen und sofort selbst lösen, selbst wenn uns das ganz einfach gelingen würde und wir vielleicht schneller wären als der andere. Viel besser ist es, zu fragen: »Und wie wirst du das jetzt lösen?« Erst wenn wir keine befriedigende Antwort erhalten, können wir weitere Angebote machen: »Was brauchst du nun, um weitermachen zu können?« ist eine sehr zielführende Fragestellung. Oder dann: »Wie kann ich dazu beitragen, dass du das besser lösen kannst?«

Manche Führungskräfte oder auch Eltern haben die seltsame Angewohnheit, ganz schnell zu sagen »Gib schon her.« Doch dabei lernt der Nachwuchs nichts, und die Aufgabe bleibt auch in Zukunft bei dem, der sie diesmal so schnell hinbekommen hat.

Die Überzeugungstäterin reißt keine Aufgaben an sich, die ihr weder Ruhm noch Ehr einbringen.

Alternativen anbieten, statt alles immer sofort selbst lösen zu wollen

Gehen wir mal davon aus, dass Sie kollegial denken und niemanden mit einem echten Problem hängenlassen wollen. Ich gebe zu, dann klingt ein kurzes, trockenes Nein wenig lösungsorientiert. Doch vielleicht fällt uns eine andere Person ein, die hier noch besser weiterhelfen könnte? Gibt es einen Spezialisten, der sich im Thema gut auskennt? Hat jemand ein ähnliches Problem schon einmal gut gelöst? Gibt es Dienstleister, die sich schnell und preisgünstig mit dem Thema befassen könnten? All diese Überlegungen zeigen unserem Gegenüber: Ich fühle mit dir und bin interessiert, dass dein Problem gelöst wird.

Eine andere Variante ist das Spiel mit der Zeit: Ich kann das gern übernehmen, allerdings nicht bis morgen, sondern bis nächsten Mittwoch. Möglicherweise ist dieser Aufschub ganz unproblematisch und hilft beiden: Wir kommen nicht in Bedrängnis und der andere bekommt Unterstützung.

Wenn gar nichts mehr hilft: einen Deal machen

Jede genannte Taktik hat nichts genützt, und wir müssen nun ran! Etwa weil ein Kollege einen wütenden Kunden anrufen soll, aber selbst so in Rage ist, dass das Gespräch sicher nicht besonders zielführend verlaufen würde. »Bitte, mach du das. Du kannst bei so etwas immer so schön ruhig bleiben!« Oder wir werden dazu auserkoren, ein Weihnachtsgeschenk für jemanden zu besorgen, und wir wissen ganz genau, dass die anderen dafür einfach kein Händchen haben. Wenn wir jetzt nicht wollen, dass wir wegen eines doofen Telefonats oder einer schlechten Flasche Wein einen Kunden verlieren, bringen wir uns eben doch ein.

Das kann passieren und ist auch nicht schlimm. Wenn wir hier wirklich ein Problem lösen oder jemandem einen besonderen Gefallen tun, können wir wenigstens einen kleinen Handel probieren: »Okay, ich übernehme das. Darf ich dann beim nächsten Mal auf dich zukommen, wenn wir ein Angebot kalkulieren? Diese umfangreichen Tabellen kannst du nämlich viel besser als ich.« Auf diese Weise sorgen wir dafür, dass der andere unsere Unterstützung abspeichert als »Die hat bei mir noch was gut!«.

Die Überzeugungstäterin verschenkt nichts ohne Not.

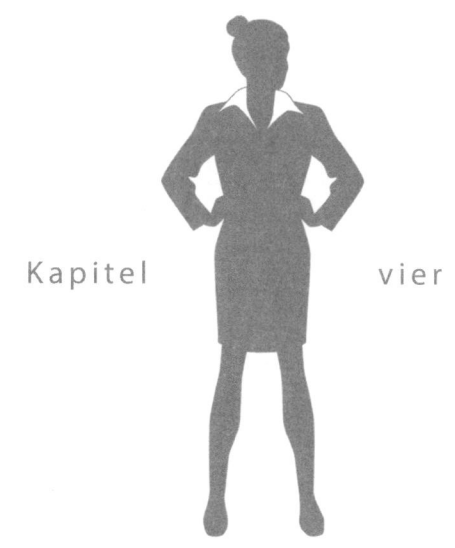

Kapitel vier

ENERGIEBREMSER UND KRAFTFRESSER LOSWERDEN

Wir müssen uns nicht mit Menschen umgeben, die uns Kraft kosten

Kennen Sie das auch? Nach manchen Begegnungen habe ich ein Strahlen im Gesicht und bin ganz angestachelt, als hätte ich meine Akkus gerade neu aufgeladen. Andere Menschen machen mich müde, und ich möchte mich nach einem Gespräch mit ihnen nur noch ins Bett legen und schlafen.

Energie rauben uns nicht nur Kollegen oder Vorgesetzte, die zusätzliche Arbeit bei uns abladen wollen. Es gibt auch Mitmenschen, die uns mit ihrer Haltung und Stimmung sprichwörtlich herunterziehen und unseren Elan killen.

Wegen unserer wunderbaren, typisch weiblichen Eigenschaft, uns gut in andere hineinversetzen zu können, ist es uns keinesfalls egal, was andere um uns herum denken und wie es ihnen geht. Es beeindruckt uns also, wenn jemand Bedenken äußert, sein Unwohlsein zum Ausdruck bringt oder auch einfach nur unseren Enthusiasmus für ein Thema nicht teilt. So weit, so gut. Wenn wir deshalb eine Kalkulation noch einmal nachrechnen oder mögliche Risiken ausschalten, die wir selbst nicht gesehen hätten, ist das sehr hilfreich. Wir sollten uns nur unsere Kraft nicht nehmen lassen und zulassen, dass uns jemand sprichwörtlich den Wind aus den Segeln nimmt.

Die Überzeugungstäterin erkennt, wer ihr guttut und wer nicht.

Dafür hilft es zu verstehen, warum uns manche Menschen so bremsen. Dann können wir überlegen, wie wir mit diesen Menschen am besten umgehen.

Unterschiedliche Typen von Bremsern

Der Pessimist von Geburt an

Ich denke, es ist eine Charaktereigenschaft, die sich nicht einfach abstellen lässt: Manche sehen eben grundsätzlich das halbleere Glas. Sie gehen barfuß über eine wunderschöne Blumenwiese und denken dabei nur an mögliche Zeckenbisse oder an Bienen, auf die sie treten könnten. Auf dem Weg zum Bahnhof mutmaßen sie, dass ihr Zug vermutlich Verspätung haben wird. Und falls er wider Erwarten doch schon am Gleis wartet, fehlt sicher ausgerechnet der Wagen mit ihrer Platzreservierung, da sind sie sich sicher. Sie meinen es nicht böse, wenn sie uns bei einer Veranstaltungsplanung darauf hinweisen, dass wir auch bedenken müssen, dass ein Feuer ausbrechen könnte oder ein Wasserrohrbruch oder sonstige Katastrophen nahen.

Eine Kundin lud mich einmal als Speakerin zu einer Veranstaltung ein. Im Vorfeld wollte sie haarklein jedes Detail meines Vortrags kennen, um auszuschließen, dass ich in einen verbalen Fettnapf treten könnte (dabei war es überhaupt kein heikles Thema). Als ich sie in vielen, ausführlichen Telefonaten soweit beruhigen konnte, äußerte sie eine andere Sorge: Was wäre, wenn ich nicht erscheinen würde! Ich versicherte ihr, dass dies in den letzten 17 Jahren nicht ein einziges Mal vorgekommen sei. Doch sie wollte gar nicht beruhigt werden, sondern listete unermüdlich neue Eventualitäten auf, die passieren könnten, vom Flugstreik bis zum kilometerlangen Megastau. Ich versuchte, ihr auch diese Sorge zu nehmen, indem ich versprach, bereits am Vorabend anzureisen. Die zusätzlichen Übernachtungskosten machten ihr nichts aus, doch dann brach es aus ihr heraus: »Und wenn Sie am Tag der Veranstaltung von einem Blitz getroffen werden und Sie tot umfallen?« Darauf konnte ich nur trocken kontern: »Dann hätte meine Familie ein Problem.« Sie korrigierte mich: »Dann hätten *wir* ein Problem! Die Veranstaltung müsste ausfallen und unsere Gäste wären umsonst aus ganz Deutschland angereist!«

Ich gebe zu, dass ich an dieser Stelle kurz davor war, den Auftrag hinzuschmeißen. So etwas raubt mir alle Lust an der Durchführung.

Ich interpretierte zunächst jedes vorsichtige Nachfragen nach Inhalten als Misstrauen gegenüber meiner Arbeit. Und die Sache mit dem Blitz am Ende erschien mir nicht nur gefühlskalt. Ich bin auch der Meinung, dass man ein Unglück herbeireden kann, wenn man sich nur stark genug darauf konzentriert. Doch um einen mitreißenden Vortrag halten zu können, brauche ich Vertrauensvorschuss, Freiheit in der Ausgestaltung und wohlwollendes Interesse. Ich gab mir also alle Mühe, die Bedenken irgendwie als begründet zu deuten: Vermutlich war die Person extrem nervös, weil sie solche Veranstaltungen nicht sehr häufig organisiert. Sie fühlte sich für alles verantwortlich – auch für mein Überleben. Also machte ich ihr klar, dass sie sich im Falle meines plötzlichen Ablebens nur absichern konnte, indem sie eine weitere Speakerin, oder am besten gleich zwei, in Reserve einlud und bezahlte. Diese sollten dann aber wegen der Risikoverteilung unbedingt mit einem anderen Verkehrsmittel anreisen als ich und am besten auch in einem anderen Hotel nächtigen.

Ob sie nun durch die Vervielfachung der Kosten oder durch die ausgesprochene Absurdität der gleichzeitig eintreffenden Koinzidenzen abgehalten wurde, diesen Plan weiter zu verfolgen, weiß ich nicht. Ich vermied es, in den letzten 48 Stunden vor der Veranstaltung weitere Anrufe entgegenzunehmen. So konnte ich mich auf meine Arbeit konzentrieren und war wieder ganz in meiner Kraft. Der Vortrag lief übrigens super, die skeptische Auftraggeberin war am Tag der Veranstaltung ganz entzückend zu mir, und alle waren glücklich.

Mein Fazit: Pessimisten und grenzenlosen Bedenkenträgern geht man am besten aus dem Weg, wenn man kreativ sein will und noch mitten in der Ideenfindung steckt. Zu Brainstormings würde ich sie also nicht einladen und auch nicht auf Zwischenapplaus hoffen, wenn ich zwischen Tür und Angel begeistert von meinen tollen Einfällen berichte. Kurz vor der Realisierung eines Plans sind sie jedoch genau die Richtigen, die noch einmal über jedes Detail sehen sollten und dabei ganz sicher vermeidbare Schwierigkeiten entdecken.

Die Überzeugungstäterin ärgert sich nicht über Pessimisten, sie freut sich über den gründlichen Fehlersucher.

Die Selbst-Unsicheren und Selbst-Unzufriedenen

Sie projizieren grundsätzlich ihr eigenes (mangelndes) Selbstvertrauen auf andere und sind mitunter auch neidisch, wenn anderen etwas besser gelingt als ihnen. Haben sie selbst extrem Lampenfieber und Bühnenangst, werden sie ihr eigenes Zittern und Herzrasen so lang verbal zum Ausdruck bringen, bis der Mutigste an sich selbst zu zweifeln beginnt. Dabei meinen sie es vermutlich sogar anerkennend, wenn sie ständig sagen: »Ich könnte das ja nicht, mich vor 500 Menschen stellen und reden. Ich bewundere dich.«

Sie sollten nur an dieser Stelle eher still sein und es vermeiden, ihre Ängste in den schillerndsten Farben auszumalen: »Ich würde vermutlich gar keine Luft mehr bekommen. Meine Stimme würde komplett versagen. Ich hätte wirklich Angst, dass ich etwas Dummes sage und von allen ausgelacht werde. Es würde in einer einzigen Katastrophe enden, und ich könnte mich nie wieder irgendwo blicken lassen. Wie gut, dass ich nicht in deiner Haut stecke und das jetzt machen muss. Aber du machst das schon.« Das ist vielleicht gut gemeint, verunsichert uns aber natürlich. Und das hilft uns im entscheidenden Moment überhaupt nicht.

Die Überzeugungstäterin weiß, dass sie keine Therapeutin ist. Sie hat Verständnis für Schwächere, versucht aber nicht, sie zu heilen.

Mein Fazit: Wer selbst vor einem wichtigen Termin oder einer neuen Aufgabe noch etwas nervös und unsicher ist, sollte sich mit starken Menschen umgeben. Nur sie sind in der Lage, etwas von ihrer Kraft an uns weiterzugeben. Und Sie wären erstaunt, wie viele Supercracks sich noch sehr gut an ihre ersten großen Herausforderungen und eigenen Unsicherheiten erinnern. Sie sind die perfekten Vorbilder für uns. Wenn jemand, der selbst mal so schlotternde Knie hatte, heute ein echter Superheld ist, dann können wir das vielleicht auch sein.

Vor einigen Jahren ergab es sich, dass ich einen Workshop zum ersten Mal auf Französisch durchführen durfte. Ich freute mich riesig auf diese völlig neue Herausforderung! Kurz vor dem Termin hatte ich dann doch Bammel, ob meine Französischkenntnisse aus dem Studium in Frankreich genügen würden. Ich hatte in all den Jahren, die seither vergangen waren, immer nur ganz sporadisch Gelegenheit, mit Franzosen zu sprechen, zu arbeiten oder zu verhandeln. Und einen achtstündigen Workshop hatte ich noch nie in dieser Sprache gehalten, nur immer wieder mal auf Englisch.

Zufälligerweise traf ich mich zwei Wochen vor diesem Termin mit einem guten Freund zum Abendessen, den ich gerade wegen seiner Sprachvirtuosität sehr bewunderte. Er war zweisprachig deutsch-englisch aufgewachsen und reiste aus beruflichen Gründen in der ganzen Welt umher. Er gestand mir, dass er nach seinem Studium in den USA ähnlich aufgeregt war, als er eine Präsentation auf Deutsch halten sollte. »Aber warum?«, wollte ich von ihm wissen. »Es ist doch deine Muttersprache. Du bist doch mit einer deutschen Mutter groß geworden.« Er erklärte mir, dass es ihn eben verunsicherte, weil er jahrelang nur Englisch gesprochen und zudem solche Präsentationen bisher nur auf Englisch gehalten hätte. Er gab mir einen tollen Tipp: »Schau dir doch bis zum Termin deines Workshops jeden Tag noch einen oder zwei französische TED Talks auf YouTube an. Dann bist du ganz schnell wieder drin in dieser Sprache.«

Diese Empfehlung kann ich nur weitergeben: Wer in einer fremden Sprache sicherer werden möchte und sich auf einen Termin vorbereiten will, lernt in diesen kurzen Vorträgen der TED-Konferenzen enorm viel: Neben der Sprache zeigen uns die Redner auch, wie man sicher präsentiert, und außerdem lernen wir noch einiges über die Inhalte der Vorträge. Übrigens bin ich überzeugt: Jemand, der selbst noch unsicherer gewesen wäre als ich, hätte mir keinen guten Rat zur Vorbereitung geben können und mich vielleicht am Ende sogar dazu verleitet, den Workshop abzusagen.

Die Überzeugungstäterin lernt gern dazu und entwickelt sich regelmäßig weiter über Webinare, schlaue Bücher, TED Talks oder Kurse.

Apostel des eigenen Lebensmodells

Manche Menschen sind so überzeugt davon, dass sie für ihr Leben den einzig richtigen Weg gewählt haben, dass sie ihre Sicht der Dinge lautstark verkünden und mit großer Kraft vor allen anderen verteidigen, als ginge es um einen Glaubenskrieg. Da gehen berufstätige und nicht berufstätige Mütter aufeinander los, das Leben auf dem Land und das Leben in der Stadt werden gegeneinander ausgespielt, oder die Beamtin mit sicherer Altersvorsorge belächelt das Risiko der Gründerin. Ich würde mir daher immer sehr gut vorher überlegen, mit wem ich welche Lebensfragen diskutiere. Denn es ist vorhersehbar, dass die Lehrerin es nicht verstehen wird, warum jemand eine Firma mit Risikokapital gründen möchte und den aktuellen, sicheren und ruhigen Job gegen diese große Verantwortung und Unsicherheit eintauscht. Wir kämen ja auch nicht auf die Idee, eine Nonne vom Lebenskonzept eines polyamoren Daseins zu überzeugen, oder bieten einer Veganerin ein Mettbrötchen an. Starker Gegenwind mit unzähligen Argumenten wäre uns gewiss. Andernfalls müsste die andere ja zugeben, dass sie vielleicht selbst nicht Recht hat und eben nicht den einzig wahren Weg für sich gewählt hat.

Die Überzeugungstäterin versucht nicht, andere zu belehren.
Aber sie merkt, wenn andere das bei ihr versuchen.

Ich habe in meinem Freundes- und Familienkreis einige Menschen um mich, deren Ansichten ich nicht teile. Das finde ich nicht schlimm, und Gespräche können auch sehr bereichernd sein. Ich meide nur ganz einfach das Glaubensthema, das uns trennt. Es hat keinen Sinn, jemandem den Nutzwert von Social-Media-Netzwerken vermitteln zu wollen, der auf keiner einzigen Plattform einen Account hat, die Kamera am Bildschirm mit einem Heftpflaster dauerhaft abklebt und aus ganzer Überzeugung ein Handy besitzt, das nicht internetfähig ist. Ich werde ganz sicher nicht meiner Vegetarier-Nachbarin, die noch nicht einmal Mücken töten könnte, erzählen, dass mich die Tierhaltung der regionalen Biohöfe überzeugt, bei denen unser Metzger sein Fleisch bezieht.

Wir sollten unser Überzeugungsgeschick nicht an Stellen verschwenden, wo wir vermutlich keine Chancen haben, mit unseren Argumenten durchzudringen. Es ist auch wirklich nicht wichtig: Menschen müssen nicht immer einer Meinung sein. Wir sollten uns nur von Andersdenkenden nicht ausbremsen lassen. Setzt also jemand zu einer Überzeugungsansprache zu einem unwichtigen Thema an, gehe ich solchen Predigten lieber aus dem Weg. »Ja, so kann man das sehen«, lasse ich dann die Meinung des anderen stehen. Einzige Ausnahme: Verkündet jemand volksverhetzende Ansichten oder beleidigt Menschen, fahre ich dazwischen. So etwas darf man nicht stehen lassen, sonst fühlen sich solch radikale Denker noch bestätigt.

Die Energieschwachen

»Du musst dich mal schonen!«, sagen sie gern zu uns. Oder: »Mach mal langsamer, das ist nicht gesund.« Sicherlich meinen sie es gut mit uns, wenn sie uns unser Tempo und unsere Arbeitslast nicht zumuten wollen und uns ermutigen, dass wir uns nicht so viel aufladen sollen. Wenn wir zu den Menschen gehören, die sich nichts gönnen und kein Gefühl für die eigene Belastbarkeit haben, ist das eine hervorragende Idee, derart auf uns einzureden. Aber ganz häufig ist es doch schlicht so, dass wir ein anderes Energielevel haben. Menschen, die selbst langsamer unterwegs sind, können sich überhaupt nicht vorstellen, dass es für uns anstrengend ist, wenn wir nicht in unserem Tempo vorwärts gehen können.

Probieren Sie es einmal aus: Gehen Sie ein paar Minuten spazieren, so, wie Sie gerne gehen, ohne über Ihre Geschwindigkeit nachzudenken. Und nun versuchen Sie, sich ein paar Minuten lang einfach mal halb so schnell vorwärts zu bewegen. Das ist gar nicht leicht! Es ist einfach nicht Ihr Tempo und schon gar nicht erholsam.

Besonders fiel es mir nach jeder meiner Entbindungen auf, dass meine Umwelt mich eher bremsen, am besten stilllegen wollte. Das Erleben des großen Wunders einer Geburt mag auf jede Frau anders wirken. Bei mir war es eben so, dass ich vor Tatendrang und Kreativität zu platzen schien. Meine vielen, guten Ideen verlangten nach Umsetzung – mit schlafendem Kind im Tragetuch. Mein erstes Unternehmen baute ich auf, als ich mit meiner ältesten Tochter schwanger war. Ich war froh, meine Tage nicht nur mit Babyschwimmen und in Stillgruppen zu verbringen.

Die Überzeugungstäterin ist Taktgeberin und geht ihr eigenes Tempo.

Damit uns niemand ein falsches Tempo aufzwingt – ob nun zu langsam oder zu schnell –, ist es wichtig, dass wir uns jeden Tag einmal für uns ganz allein Gedanken machen, wie viel wir heute anpacken wollen. Im Sommer ist es mein schönes Morgenritual, dass ich mit meinem Kaffeebecher ins Gewächshaus gehe und meine Tomaten gieße. Dabei kann ich herrlich nachdenken, die Morgenstimmung genießen und Pläne machen: Wie soll mein Tag aussehen, damit ich mich abends noch super fühle? Was habe ich bis dahin gemacht? Wie werde ich aussehen? Wie werde ich meinen tollen Tag feiern? Und ich frage mich auch: Wie sähe mein Tag aus, wenn ich abends unzufrieden bin? Was sind meine Schlechte-Laune-Fallen? Wann ärgere ich mich besonders über mich? Welches Verhalten von mir trägt zu beiden Varianten bei? Was kann ich tun, um Variante zwei zu verhindern? Wie kann ich dafür sorgen, dass die zufriedene Variante entstehen kann? Meist ist mir sehr schnell klar, was ich tun muss.

Wer keine Tomaten zu gießen hat, kann sich dieselben Gedanken auch in der U-Bahn auf dem Weg ins Büro machen und vielleicht unterwegs als schönes Morgenritual eine Kaffeepause in einer Bäckerei einbauen. Wenn ich einen gelungenen Tag für mich so definiere, dass ich mit einer bestimmten Aufgabe fertig geworden bin und ich außerdem für ein Projekt tolles Feedback bekommen habe, ist ganz klar, was ich zu beidem beitragen kann: Ich schalte Ablenkungen möglichst aus und konzentriere mich gleich zu Beginn des Tages auf das, was fertigwerden soll. Ich lasse unwichtigen Kram liegen und lese nicht jede eingegangene E-Mail schon nach drei Sekunden. Außerdem hole ich mir mein Lob für mein tolles Projekt ab, indem ich meine Chefin oder meinen Chef um Feedback bitte. Bin ich mir ganz klar, wie mein »idealer Tag« aussieht, lasse ich mich nicht bremsen, wenn jemand meine Euphorie zu dämpfen versucht und findet, ich solle doch erst mal zum Plaudern in die Kaffeeküche kommen.

Fazit: Immer ganz bewusst auf das eigene Idealtempo achten, dann können Energieschwache uns gar nicht bremsen. Und wenn wir mal ganz müde sind, können wir gezielt ihre Nähe suchen und uns ohne schlechtes Gewissen zu ihnen auf die Couch setzen.

Ganz konkret: Wie meide ich Energiefresser?

Wir wissen oder ahnen zumindest, wer uns guttut und vor allem wer ganz sicher nicht! Aber was tun, wenn das Telefon klingelt und einer der oben beschriebenen Charaktere um einen Termin bittet? Oder eine solche Kollegin oder Kollege setzt sich in der Kantine neben uns: Wie ziehe ich mich hier elegant aus der Affäre, ohne die andere Person zu beleidigen?

Allein die Beschäftigung mit der Frage, wie wir eine solche Person wieder loswerden könnten, kostet schon viel zu viel Energie. Und eine völlige Kontaktvermeidung ist oft auch gar nicht realisierbar: Wir können ja schlecht das Teammeeting einfach verlassen oder aus einer Arbeitsgruppe aussteigen, nur weil ein Kopf dabei ist, der uns energetisch runterzieht.

Die Überzeugungstäterin lässt Energiefressern keinen Raum. Sie konzentriert sich auf positive Themen und Menschen.

Daher ist meine bevorzugte Strategie: Konzentration auf das Gegenteil! Wenn wir den Raum in unserer Nähe schon besetzt haben, wenn wir uns mit tollen Leuten umgeben, die uns pushen und uns Kraft schenken, dann traut sich kein Miesepeter mehr heran. Es verhält sich ganz genauso wie beim sorgsamen Umgang mit unserer Zeit: Haben wir unseren Kalender mit unseren Prioritäten gefüllt, können unwichtige Ablenkungen sie nicht mehr so leicht verdrängen.

Kommt uns dennoch einmal ein Energiefresser zu nah und beginnt seinen Vortrag, sollten wir versuchen, uns inhaltlich auf ein anderes Thema zu konzentrieren und signalisieren, dass wir uns nicht verunsichern lassen.

Zerredet also jemand unseren Entwurf für einen Wettbewerb mit allerlei Zweifeln und Kritikpunkten, können wir umlenken: »Ich weiß es sehr zu schätzen, dass du dir so umsichtige Gedanken machst. Doch ich muss dir ganz ehrlich sagen, dass mich deine Sicht gerade in meiner Kreativität bremst. Es ist entschieden, dass wir am Award teilnehmen. Ich komme gern noch einmal auf dich zu, wenn wir etwas weitergekommen sind. Dann sind mir deine Anregungen und Bedenken sehr wertvoll.«

Lästert jemand über Kollegen, die gerade nicht mit im Raum sind, macht mir das ebenfalls schlechte Laune. Ich sage dann schon mal: »Ich fände es gut, wenn du das der Person direkt sagst. Ich bin die falsche Adresse.«

Eine Sprachregelung hilft, auf Reaktionsmuster aufmerksam zu machen

Ich hatte einmal einen Kollegen, der mir immer sofort alle Risiken aufzählte, die er sah, wenn ich ihm von neuen Plänen und künftigen Projekten berichtete. Dachte ich in seiner Gegenwart laut darüber nach, wie wir eine Veranstaltung für Kunden planen könnten, die während der Oktoberfestzeit stattfindet, fiel er mir sofort ins Wort und wies mich darauf hin, dass wir in dieser Zeit sicher Probleme hätten, Hotelzimmer für Gäste zu organisieren. Fuhr ich fort, dass wir im Anschluss an einen Vortrag oder eine Diskussionsrunde im Büro gemeinsam zur Festwiese gehen könnten, sah er die Kleiderfrage problematisch. In Tracht würden sich die Gäste während der Arbeitszeit vielleicht nicht wohlfühlen, im Business-Dress passten sie nicht ins Bierzelt. Auch wenn jeder einzelne Einwand berechtigt war, ging es mir zunächst einmal sehr auf die Nerven, niemals eine Idee zu Ende erzählen zu können. Ich wurde laufend unterbrochen mit »Zu teuer!«, »Das geht nicht!« oder dem Klassiker »Das haben wir noch nie so gemacht!«. Ein echter Killer für einen kreativen Menschen wie mich!

In einem ruhigen Gespräch, das wir einmal ganz grundsätzlich führten, ohne aktuellen Anlass, sagte ich ihm ganz offen, dass ich mich in solchen Situationen durch ihn gebremst fühlte und den Eindruck hatte, er vertraue mir nicht. Ich erfuhr, dass er im Gegenteil großen Respekt vor meinem Um-die-Ecke-Denken hatte und mich dafür bewunderte, mit welch ungewöhnlichen Einfällen ich manche Herausforderungen anging. Es stellte sich heraus, dass er mich einfach vor Schaden bewahren wollte und stets den Eindruck hatte, ich sei schon beinahe in der Umsetzung.

Wir verabredeten schließlich einen Code: Wenn ich ihm von einer unausgegorenen Idee erzählte, fügte ich hinzu, dass ich gedanklich noch in »Phase 1« sei. In Phase 1 war es verboten, Kritik zu äußern. Es ging nur um eine erste Ideensammlung. Andere durften in dieser Phase nur weitere Ideen hinzufügen, jedoch keine Gedanken streichen oder zerreden. War eine Idee dann so weit, dass sie feiner geplant werden konnte und die Umsetzung vorbereitet wurde, sprachen wir von »Phase 2«: Jetzt waren Hinweise auf Fallstricke willkommen und konnten nacheinander aus dem Weg geräumt werden.

Dauerquatscher abwimmeln

Wir kennen das: Ohne auf das Display zu sehen, nehmen wir einen Telefonanruf an, während wir gerade mitten in einer konzentrierten Arbeit stecken. »Oh nein, nicht die!«, denken wir nur noch, und werden schon vom ausgiebigen Wortschwall einer Kollegin überfallen. Es gibt Menschen, die es einfach nicht merken, dass ihr Anruf gerade unpassend ist. Oder dass wir jetzt nicht mit ihnen stundenlang Smalltalk am Rande einer Veranstaltung führen wollen, auf der es so viele spannende Leute gäbe, die wir unbedingt noch kennenlernen möchten.

Am Telefon unterbreche ich dann einfach: »Entschuldigen Sie, dass ich unterbreche. Ich bin gerade auf dem Sprung zu einem Termin und muss in einer Minute los.« Nun kommt sicherlich sofort von der anderen Seite ein Vorschlag. Am liebsten geht es nur um ein kurzes Anliegen, das in einer Minute Telefonat Platz hat. Vielleicht wird aber auch ein neuer Gesprächstermin vereinbart: »Können wir am Nachmittag noch einmal telefonieren?« Wenn ich auch das nicht will, weil ich genau weiß, dass es mich mindestens eine Stunde Lebenszeit kosten wird, kann ich ja konkreter nachfragen. »Wollen Sie mir schon mal kurz sagen, worum es geht, oder mir eine E-Mail schicken? Dann kann ich mich zurückmelden, wenn es wieder passt.«

Ich rate dringend davon ab, den Hörer zwischen Kinn und Schulter einzuklemmen, nur noch halb hinzuhören, ab und zu ein »Hm!« von sich zu geben und nebenbei zu versuchen weiterzuarbeiten. Das macht nur schlechte Laune! Wir sind auf gar nichts mehr konzentriert, und wenn wir Pech haben, haben wir zu irgendetwas Ja gesagt, was wir gar nicht richtig gehört haben. Lieber klar den Anruf beenden! Das geht, wie gerade beschrieben, ganz leicht. Probieren Sie es unbedingt aus. Der nächste Anruf dieser Art kommt schneller als wir ihn uns wünschen.

Ebenso verfahre ich mit den Leuten, die mir auf Veranstaltungen zu gesprächig sind. Ich verabschiede mich mit dem Hinweis, dass ich mir noch etwas vom Buffet hole. Oder ich bedanke mich sehr freundlich für das Gespräch, gebe die Hand und sage ganz ehrlich, was mich gerade besonders gefreut hat. Das versteht wirklich jeder und niemand war mir je böse.

Doch nicht nur andere rauben uns manchmal die Energie. Gelegentlich sabotieren wir uns auch mit unseren eigenen Selbstzweifeln.

Kapitel   fünf

WEG MIT DEN SELBSTZWEIFELN

Selbstzweifel sind offenbar besonders unter Frauen verbreitet.

Es passiert der Sachbearbeiterin, aber auch der Lehrerin, der Forscherin, der Fachmedizinerin, der Computerexpertin, der promovierten Chemikerin ebenso wie der Schriftstellerin oder Geschäftsführerin eines großen Unternehmens: Da kriecht dieses gemeine Gefühl hoch, man sei nicht gut genug. »Irgendwann merken die, dass ich eine Hochstaplerin bin und gar nicht so viel weiß und kann«, gestand mir eine Freundin neulich. Wie ausgerechnet sie einen solchen Gedanken haben konnte, war mir schleierhaft. Eine kluge Frau, die mir in ihrem Auftreten, ihren klugen Entscheidungen und ihren Erfolgen enorm imponiert.

Selbstzweifel scheinen vor allem Frauen immer wieder zu plagen. Treten diese Zweifel regelmäßig auf, hat diese Merkwürdigkeit sogar einen Namen: Das Impostor-Syndrom, auch Hochstapler-Phänomen genannt. Sabine Magnet hat darüber ein Buch geschrieben: *Und was, wenn alle merken, dass ich gar nichts kann?*

Viele Menschen denken, dass sie ihre Erfolge, Auszeichnungen und Preise nicht verdient hätten, sondern sie ihnen eher zufällig in den Schoß gefallen sind. Sie fühlen sich wie Betrüger. Introvertierte Menschen mit einem hohen Perfektionsanspruch an sich selbst scheinen davon besonders betroffen zu sein – ganz unabhängig von ihrer beruflichen Position.

Es gibt unterschiedliche Erklärungsversuche, warum dies vor allem ein weibliches Thema zu sein scheint. Zum einen sind wir in vielen Berufen vor allem auf höheren Ebenen noch immer deutlich in der Minderzahl. Alleine in einem männlich geprägten Team fühlen wir uns ein wenig als Sonderling. Hinzu kommt, dass uns während des Studiums oder später im Beruf Männer aufziehen und das Gefühl verstärken, wir könnten unverdient und aus purem Zufall hier gelandet sein. Die Vokabel »Frauenquote« (so gut sie gemeint ist und so nötig die Förderung von Frauen ist) tut hier ein Übriges. Stets schwingt mit, dass Frauen eine Stelle möglicherweise unabhängig von ihren Leistungen eher wegen der Bevorzugung ihres Geschlechts bekommen haben. Darüber gäbe es noch einiges zu sagen. Hier nur so viel: Lassen Sie sich nicht verunsichern an Stellen, an denen Sie über Ihre Leistungen mit sich im Reinen sind.

Wir prägen unsere Söhne und Töchter schon früh durch unterschiedliches Lob

Ein weiterer Punkt für die leichtere Verunsicherung ist, dass Mädchen schon im Kindesalter anders gelobt werden als Jungs: Bringt ein Mädchen eine 1 in Mathe nach Hause, wird schnell gesagt: »Toll! Da siehst Du, dass es sich gelohnt hat, so fleißig zu sein!« Hat sie eine schlechte Note, kommt schon mal ein tröstendes »Macht nichts. Vielleicht liegt dir das Fach nicht so.« Beide Aussagen implizieren: Du bist vermutlich nur mäßig talentiert, kannst aber mit Fleiß einiges erreichen.

Der Bruder bekommt bei Bestnoten zu hören: »Spitze! Du bist eben echt ein Mathegenie!« Im Fall einer schlechten Note kommt bei ihm mangelnder Fleiß zur Sprache: »Du bist ein fauler Hund! Hättest du dich mal öfter auf den Hosenboden gesetzt und mehr gelernt, wäre das anders ausgegangen!« Hier steckt in beiden Aussagen: »Du kannst es! Wenn die Noten nicht entsprechend ausfallen, warst du nur zu faul.« Jungen werden ermutigt, ihr Bestes zu geben, Mädchen getröstet, weil man von ihnen nicht mehr erwartet hat. Vielleicht ist es in Ihrer Umgebung anders. Doch ich habe genau diese Reaktionen von Eltern schon öfter gehört.

Wir alle sind geprägt durch Rollenklischees

Stereotypen entstehen schon im frühen Kindesalter. Die Psychologin Lin Bian und ihre Kollegen an den Universitäten von Illinois, New York und Princeton untersuchten 96 Kinder im Alter von fünf Jahren. Ihnen wurde eine Geschichte einer »sehr, sehr schlauen Person« erzählt. Auf Nachfrage tippten alle Kinder – Mädchen wie Jungen – darauf, dass es sich um eine Person ihres eigenen Geschlechts handelte. Bei den Sechs- bis Siebenjährigen blieben die Antworten der Jungen gleich. Jedoch war nun eine deutliche Mehrheit der Mädchen der Meinung, dass es sich um einen Mann handeln müsse. Bei einem weiteren Versuch hatten die Kinder die Wahl zwischen einem Spiel für »sehr, sehr schlaue Kinder« und einem Spiel für Kinder, die sich gern »besonders anstrengen«. Während das zweite Spiel für Mädchen und Jungen gleichermaßen interessant klang, ließen auffallend viele Mädchen lieber die Finger vom Spiel für Schlaue. (»Gender stereotypes about intellectual ability emerge early and influence children's interests«, Lin Bian, Sarah-Jane Leslie, Andrei Cimpian, Januar 2017)

Die Überzeugungstäterin ermutigt ihre Töchter, junge Auszubildende, Kolleginnen und Freundinnen, so oft sie kann. Damit sich endlich etwas ändert.

Eine andere Erhebung zeigt, was amerikanische Eltern von ihren Kindern halten: Die an sich schlichte Google-Suche nach »Ist mein Sohn ein Genie?«, wurde doppelt so häufig eingetippt wie dieselbe Frage bezogen auf die Tochter. »Ist mein Kind übergewichtig?« hingegen wurde 70 Prozent häufiger bei Mädchen gefragt als bei Jungs. Und das, obwohl 33 Prozent aller Jungen tatsächlich zu viel wiegen und 30 Prozent aller Mädchen. Tippt man in deutscher Sprache »intelligente Frauen« in die Suchmaschine ein, gehen sämtliche Treffer der ersten Seiten in Richtung »sind unattraktiv«, oder »machen Männern Angst«. Sogar die Frauenzeitschrift *Freundin* titelt mit »Intelligente Frauen haben diese schlechte Eigenschaft«, und meinen damit Fluchen und das Benutzen von Schimpfwörtern. »Intelligente Frauen haben es schwer, die große

Liebe zu finden!« – viele Artikel in Frauenzeitschriften gehen in diese Richtung. Um positive Meldungen zu finden, muss man recht weit scrollen. Die Meldung etwa, dass Ehemänner von klugen Frauen eine höhere Lebenserwartung haben, scheint nicht so medienwirksam.

Ein für mich plausibler Erklärungsansatz der Entwicklungspsychologin Doris Bischof-Köhler könnte folgender sein: Da Mädchen meist früher anfangen zu sprechen und zu laufen und sich mit weniger Mühe in ihre Lebenswelt einfügen, verlangen Eltern und später auch Lehrkräfte mehr von ihnen. Sie haben ja schon an ein gewisses Leistungsniveau gewöhnt und halten dann später vieles für selbstverständlich. Die Eltern bestaunen die besonderen Leistungen ihrer kleinen Mädchen in einem Alter, an das ihre Töchter später kaum bewusste Erinnerungen haben. Entwicklungslangsamere Jungen werden hingegen viel später lautstark beklatscht und bewundert – das brennt sich tief in ihr Gedächtnis ein.

Was können wir tun, um Selbstzweifel abzuschütteln?

Schluss mit den ewigen Entschuldigungen!

Ist Ihnen schon einmal aufgefallen, wie oft wir Frauen uns entschuldigen?

75 Prozent aller »Sorry!« kommen aus weiblichem Mund. Die Neuseeländerin Janet Holmes hat dies in den 1990er Jahren herausgefunden. Wir entschuldigen uns, wenn wir einen Raum betreten, in dem schon mehrere Kollegen zusammensitzen. Manche entschuldigen sich sogar, wenn ihnen jemand auf den Fuß steigt. Warum eigentlich? »Entschuldigung, dass ich meinen Fuß unter Ihrem hatte?«

Darüber hinaus entschuldigen wir uns auch viel zu oft ganz subtil, auch ohne das Wort Entschuldigung zu gebrauchen. Wir beginnen eine Präsentation mit den Worten, dass wir jetzt »nur kurz« etwas zeigen möchten. Auch damit machen wir uns klein und wollen versichern, dass wir niemandem Zeit stehlen wollen. Da schwingt mit: Wir finden unser eigenes Thema völlig unwichtig.

Gern nehmen Frauen auch schon mögliche Pannen vorweg. »Es tut mir leid, dass ich mich nicht besser vorbereiten konnte. Wir hatten nach dem letzten Meeting nicht genügend Zeit.« Haben drei Vorredner eine Powerpoint-Präsentation an die Wand geworfen, entschuldigt sich eine Rednerin, die frei sprechen wollte, garantiert dafür, dass sie keine Folien dabeihat. Ganz unabhängig davon, wie gut oder schlecht die Präsentationen davor waren oder wie brillant sie selbst überzeugen kann.

Meine Theorie: Frauen wollen die Erwartungshaltung so gering wie möglich halten und dann später mit Leistung überzeugen. Das Problem ist nur, dass möglicherweise niemand mehr neugierig auf eine Leistung ist, wenn sie so mies angekündigt wurde.

Die Überzeugungstäterin entschuldigt sich nicht permanent. Und schon gar nicht ohne Grund.

Wir können unsere Selbstzufriedenheit steigern

Schon in der Grundschule erleben wir, dass unsere Lehrer besonders auf unsere Fehler achten und in Rot anstreichen. Kein Wunder, wenn wir auch später im Berufsleben ganz darauf fokussiert sind, uns überall verbessern zu wollen. Und natürlich ist es auch im Sinne des Unternehmens, kontinuierliche Verbesserungsprozesse zu betreiben und ständig unsere Ergebnisse zu optimieren. Aber ist das Maximum wirklich immer das Optimum? Wäre es nicht gesünder, ein vernünftiges Maß zu finden, bei dem es uns und allen anderen auch langfristig gut geht?

Die eigene Zufriedenheit hängt stark davon ab, mit wem wir uns vergleichen.

Wer tatsächlich meint, der Prototyp einer attraktiven Frau wäre auf den Coverfotos gewisser Zeitschriften zu finden, geht frustriert durchs Leben und ist überzeugt: Meine Oberschenkel sind zu dick, meine Haare zu lockig, meine Füße zu groß, mein Bauch zu wabbelig, meine Brüste zu klein.

Menschen neigen dazu, sich mit anderen zu vergleichen und die Umgebung nachzuahmen. In manchen Wohngebieten werden auffällig viele Kinderwägen derselben Marke durch die Straßen geschoben. In einigen Landkreisen könnte man meinen, es gäbe nur einen einzigen Friseur oder es läge am Ortsnamen, dass alle ein wenig übergewichtig aussehen. Dabei ist es ein ganz natürlicher Effekt: Wir beobachten, vergleichen und passen uns an; in den meisten Lebensbereichen.

Die Überzeugungstäterin wählt sich ihre Vorbilder mit Sorgfalt und Bedacht.

Eine Studie der Universität Kalifornien in Santa Barbara untersuchte die Effekte von Lottogewinnen und stellte dabei interessanterweise fest: Der Gewinn hoher Geldbeträge beeinflusste nicht nur die eigenen Konsumgewohnheiten, sondern auch die der Nachbarn. Offenbar wollen Menschen sozial gleichziehen und neigen dazu zu sagen: »Ich hätte gern das gleiche wie die!« Dabei wird schon mal vergessen zu überprüfen, ob man sich diesen Lebensstil auch leisten kann.

Auch wäre es ja nur allzu gesund, einiges zu relativieren. Man könnte sich beispielsweise sagen: Ich fahre zwar ein kleineres Auto, aber ich leiste mir gern ab und zu einen schönen Urlaub. Soziale Netzwerke wie Instagram oder Facebook heizen das gegenseitige Hochschaukeln noch an, wenn viele ihre neidauslösenden Bilder posten: Seht her, was ich mir für ein schönes Ferienhaus gönne. Schaut, in welchen Hotels ich schlafe, in welch tollen Restaurants ich esse und was für schöne (reiche und berühmte!) Menschen ich kenne.

Eine Umfrage des Internet-Sicherheitsanbieters Kaspersky Lab ergab, dass jeder vierte Deutsche Niedergeschlagenheit und Neid empfindet, nachdem er Social-Media-Kanäle extensiv genutzt hatte. Dieser Neid bezieht sich nicht nur auf veröffentlichte Fotos und Erfolgsmeldungen, sondern auch darauf, dass andere mehr »Likes« bekommen als man selbst.

Wenn ich Ansporn brauche, sollte ich mich »nach oben« orientieren

Habe ich vor, demnächst einen Marathon zu laufen, ist es sicherlich motivierend, wenn ich mir starke Trainingspartner suche. Erfahrenere Läufer, an denen ich mich orientieren kann, können mir Tipps für mein Training und meine Ernährung geben.

Laufe ich weiterhin mit meinen Nachbarn die kleine Vier-Kilometer-Runde wie früher, werden die meine Pläne eher entsetzt kommentieren: »Du willst einen Marathon laufen? Bist du verrückt? Weißt du, was du deinen Gelenken damit antust? Na, du musst ja viel Zeit haben! Und was sagen dein Mann und deine Kinder dazu, dass du ständig trainierst?«

Suchen Sie sich die Menschen als Partner und Vorbilder, die etwas erreicht haben, das Ihnen gefällt und Ansporn ist für Sie.

Zufriedenheitsritual vor dem Einschlafen

Auf meinem Nachttisch liegt ein Notizbuch, in dem ich jeden Abend vor dem Einschlafen ein kurzes Stichwort notiere, was mir heute gut gelungen ist. Das kann eine Kleinigkeit sein: Eine E-Mail, die ich gut formuliert habe, ein Gespräch, das positiv verlaufen ist. Aber natürlich auch ein neuer Auftrag, den ich geangelt habe, oder ein Workshop, bei dem wir ein tolles Ergebnis erarbeitet haben. Wichtig ist, dass ich selbst meine Leistung gut finde, nicht andere.

Wenn es jemandem also normalerweise schwerfällt, vor großen Gruppen etwas zu präsentieren, ist die Überwindung der eigenen Ängste als gelungene Leistung zu bewerten, selbst wenn andere noch besser vortragen können.

Es macht nicht nur Spaß, all diese kleinen Erfolge aufzuschreiben. Ich finde es auch wunderbar, gelegentlich in alten Aufzeichnungen zu blättern und mich zu erinnern. Wer solche Notizen täglich pflegt, wird spätestens nach zwei Wochen feststellen: Wir gehen morgens schon anders in den Tag und halten schon Ausschau nach möglichen Themen, die wir uns später aufschreiben könnten. Unser Fokus hat sich also verändert, weg von der Fehlerfahndung – hin zur Erfolgssuche.

Die Überzeugungstäterin merkt sich ihre Erfolge, beispielsweise indem sie sie in einem Erfolgstagebuch notiert.

Erfolge wollen gefeiert werden!

Von Leistungssportlern können wir viel lernen, auch den Umgang mit dem Erfolg. Kein Fußballverein würde sich einen Tabellenaufstieg erspielen und die Spieler nach dem Sieg einfach nach Hause schicken. Hier wird gejubelt und gesungen, gefeiert und es werden viele Siegerfotos gemacht.

In vielen Firmen geht es ganz anders zu: Ein wichtiger Meilenstein wird erreicht, und alle gehen nahtlos weiter zum nächsten Projekt. Kein Wunder, wenn da manche unterwegs die Laune verlieren. Nun muss man ja nicht gleich die Champagnerkorken knallen lassen, zumal mittlerweile fast überall aus gutem Grund ein striktes Alkoholverbot herrscht. Es gibt viele Möglichkeiten, die Zufriedenheit über einen gelungenen Projektabschluss zu zelebrieren und zu zeigen.

Die Überzeugungstäterin belohnt sich für gute Leistungen selbst.

Einer meiner Kunden hat im Eingangsbereich der Firmenzentrale ein wachsendes Kunstprojekt an der Wand hängen. Nur die Umrisse des übergroßen Firmenlogos sind auf der weißen Wand aufgemalt. Wann immer ein Projektteam einen wichtigen Schritt gemacht oder ein Teilergebnis zustande gebracht hat, darf dieses Team eine Mosaikfliese aufkleben. Hierzu trifft sich das Team in der Halle, gemeinsam wird überlegt, an welche Stelle die farbige Fliese kommen soll und man bespricht noch einmal, wie dieser Meilenstein erreicht worden ist. Für die Kollegen, die an einem anderen Standort arbeiten, wird noch ein Foto gemacht und ins Intranet gestellt. Anschließend wird auch in diesem Unternehmen weitergearbeitet. Doch die Anerkennung der Leistung ist allen sehr wichtig und wird durch dieses Ritual sichtbar. Und oft verabreden sich die beteiligten Kollegen noch abends auf ein gemeinsames Essen oder einen Biergartenbesuch. Besondere Erfolge finden außerdem im Mitarbeitermagazin und auf der öffentlichen Website des Unternehmens Erwähnung. Eine zusätzliche Pressemitteilung informiert Journalisten und Multiplikatoren, damit diese die frohe Botschaft weitertragen. So sehen auch Familienangehörige, Kunden und Geschäftspartner, was wieder Tolles geleistet wurde. Jobsuchende werden damit ganz nebenbei auch angesprochen und mit dem Versprechen gelockt, dass in diesem Haus gute Arbeit geleistet wird, für die den Mitarbeitern Anerkennung gezeigt wird.

Um Selbstzweifel künftig zu verhindern, können wir vorbereitend zufriedene Momente sammeln. Es ist wichtig, dass wir es sofort merken, wenn wir uns in eine Negativspirale bewegen und unsere Zweifel sofort hinterfragen: Ist das wirklich richtig, was wir befürchten? Wir sollten Erfolge sichtbar und hörbar feiern, damit wir andere und uns selbst davon überzeugen, wie gut wir sind.

Verstärken können wir den motivierenden Effekt, wenn wir auch andere dazu bringen, Gutes über uns und unsere Arbeit zu sagen. Als Überzeugungstäterin brauchen wir unbedingt wirkungsvolle Selbst-PR.

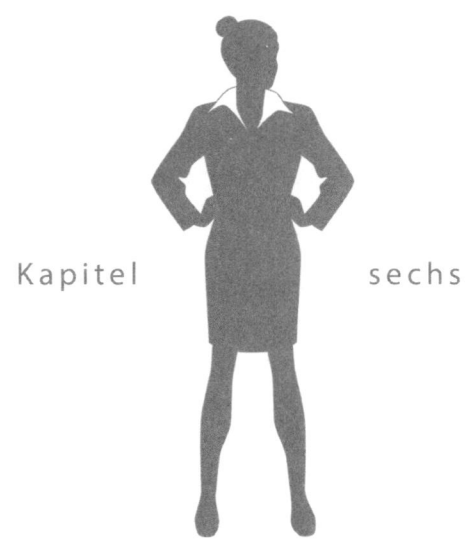

Kapitel sechs

GELUNGENE SELBST-PR: MACHEN SIE VON SICH REDEN!

Unser Image ist viel wichtiger, als wir denken

Denken Sie mal einen kurzen Moment nach, welche fünf Kollegen aus Ihrem Unternehmen oder Mitarbeiter von Geschäftspartnern Ihnen einfallen, die Sie für besonders fähig und klug halten. Welche Eigenschaften verbinden Sie mit diesen Namen?

Und nun überprüfen Sie: Haben Sie diese Eigenschaften selbst erlebt? Oder ist es vielmehr Ihr Eindruck von dieser Person, der sich über Hörensagen ergeben hat? Wissen Sie durch Ihre eigene Erfahrung, dass es sich beispielsweise um eine herausragende Führungspersönlichkeit handelt, oder ist das der Ruf, der diesem Menschen vorauseilt? Können Sie beurteilen, ob ein IT-Experte oder ein toller Anwalt über besonderes Fachwissen verfügt, oder benimmt sich die Person so, dass Sie diesen Eindruck haben? *Wissen* Sie oder *denken* Sie, dass jemand besonders durchsetzungsstark ist?

Je weiter wir die Karriereleiter nach oben klettern, umso weniger Menschen gibt es, die überhaupt noch beurteilen können, wie gut wir wirklich in unserem Fachgebiet sind. Alle anderen urteilen dennoch über uns und schließen aus unserem Verhalten, unserem Auftreten und auch aus Aussagen, die andere über uns machen, wie kompetent wir sind.

Das erklärt, warum es manchmal regelrechte Pfeifen schaffen können, ganz nach oben zu gelangen, und warum es zwar bedauerlich, aber gängige Praxis ist, wenn fähige Menschen wenig Beachtung finden und vielleicht sogar unterbezahlt sind. Das meiste Geld bekommen nämlich nicht diejenigen, die den besten Job machen, sondern die, deren gute Leistung auch sichtbar ist!

Gilt es in einem Unternehmen, eine Stelle neu zu besetzen, wird mit Sicherheit darüber diskutiert, wer intern in Frage käme. Ein Satz wie: »Die sehe ich an dieser Position nicht!«, drückt bestens aus, was in den Köpfen der Entscheider geschieht: Sie stellen sich bildlich vor, dass ein Kandidat oder eine Kandidatin die neue Stelle bereits angetreten hat, und prüfen, ob das für sie passt. Und da sie vermutlich noch nicht selbst mit allen in Frage kommenden Personen zusammengearbeitet haben, entscheidet das Bild, also das Image der Person.

Die Überzeugungstäterin weiß, welche ihrer Charaktereigenschaften und Stärken sie anderen zeigen will.

An unserer Expertise wird seltener gezweifelt als an unserer Fähigkeit, uns zu verkaufen

Regina Mehler, Gründerin der Women Speaker Foundation, kennt sich sehr gut aus mit dem Thema Selbstdarstellung. Ihre Rednerinnenagentur vermittelt ausschließlich weibliche Expertinnen für Bühnenauftritte, Vorträge, Podiumsdiskussionen und andere Unternehmensveranstaltungen. Ihrer Erfahrung nach zweifle ein Auftraggeber niemals an der fachlichen Kompetenz der vorgeschlagenen Rednerin. Sie weiß genau, was für die Kunden ihrer Agentur von Bedeutung ist: »Wissen Sie, ich gehe davon aus, dass eine Frau, die sich auf die Bühne traut, ihr Thema aus dem Effeff beherrscht. Was ich viel eher wissen will, ist, ob sie auch eine gute Bühnenperformance hat und vor über 1000 Zuhörerinnen und Zuhörern gut rüberkommt.« Einer ihrer Kunden räumte sogar ein, dass er bei Männern schon eher mal nachfragen würde, welchen beruflichen Hintergrund ein ihm vorgeschlagener Experte hätte.

Ich finde, das sollte uns Frauen viel öfter bewusst sein! Wir zweifeln häufiger an unseren Fähigkeiten, als es andere tun. Statt uns selbst zu vertrauen, rechtfertigen wir uns eher und untermauern unser Fachwissen. Egal, ob wir einen Bühnenauftritt vor uns haben oder ob wir um ein interessantes Projekt verhandeln: Wir sollten uns bewusst machen, was uns ohnehin zugetraut wird und welche unserer Kenntnisse und Fähigkeiten wir darüber hinaus herausstellen sollten. Selbstverständliches müssen wir also gar nicht betonen. Damit schmälern wir nur unsere Wirkung. Es wäre so, als würde eine Bankangestellte versichern, dass sie gut rechnen kann, oder eine Übersetzerin, dass sie die angebotene Fremdsprache beherrscht.

»Typisch weibliche« Eigenschaften brauchen wir nicht zu betonen

Eine Befragung der German Consulting Group unter 220 männlichen Führungskräften ergab, dass sie folgende Eigenschaften als »typisch weiblich« ansehen:

- Teamfähigkeit und Diplomatie: 81 Prozent
- Bescheidenheit: 77 Prozent
- Konsens- und Konfliktfähigkeit: 75 Prozent
- Begeisterungsfähigkeit: 73 Prozent
- Soziale Kompetenz: 64 Prozent

Fragt man übrigens weiter, wie wichtig sie diese Eigenschaften für eine Topmanagementposition halten, antworten 94 Prozent mit »Völlig irrelevant!«.

Es bringt uns also im Bewerbungsgespräch für eine Entscheiderposition überhaupt keine Punkte, wenn wir eine oder mehrere der genannten Eigenschaften als besondere Fähigkeiten betonen. Man unterstellt sie uns sowieso. Ähnlich wie Südeuropäer, die uns Deutschen vermutliche Zuverlässigkeit und Pünktlichkeit bescheinigen würden, oder wie wir jedem Finanzbeamten akribische Genauigkeit unterstellen dürfen.

Stattdessen sollten wir uns überlegen, welche Eigenschaften uns Frauen nicht zugetraut werden und die für ein Projekt gerade besonders wichtig sind. Ich weiß aus eigener Erfahrung, dass Frauen gern unterstellt wird, sie seien besonders auf Harmonie aus und könnten nicht »hart durchgreifen«. Ist es aber beispielsweise nötig, sich von Mitarbeitern zu trennen, weil zwingende Kosteneinsparprogramme es erfordern, fürchtet man bei weiblichen Führungskräften eher, sie könnten ihre mütterliche Fürsorge auf das Team übertragen und wären außer Stande, eine Kündigung auszusprechen. Wollen wir also als Kandidatin gesehen werden für eine Führungsrolle in turbulenten Zeiten, sollten wir betonen, dass wir sehr rationale Entscheidungen treffen und konsequent umsetzen können.

Selbst-PR heißt nicht, eine Show abzuziehen!

Frage ich eine Klientin, was sie in Sachen Selbst-PR für sich tut, bekomme ich manchmal eine abwehrende Antwort à la: »Ich inszeniere mich nicht. Ich möchte ganz authentisch sein.«

Frage ich in einer Seminarrunde, wer meinen Teilnehmerinnen als »Selbstdarsteller« einfällt, werden oft Männer genannt, die mit lautstarken Angebersprüchen und überheblichen Aussagen auf sich aufmerksam machen wollen. Wenn dann nach dem Schnalzen mit roten Hosenträgern (wie Michael Douglas alias »Gecko« im Film *Wallstreet*) nur noch lauwarme Luft kommt, macht das weder ein sympathisches Bild noch einen kompetenten Eindruck. Viele Frauen speichern dann für sich ab: Über eigene gute Leistungen oder Erfolge zu sprechen, sei unwürdig.

Gesundes Selbstbewusstsein wirkt total sympathisch

Es ist doch alles eine Frage des Tons! Überlegen Sie mal, welche besonders erfolgreichen und gleichzeitig sympathischen Frauen Sie kennen. Und nun versuchen Sie sich an Aussagen zu erinnern, mit denen diese Frauen ihre Fähigkeiten betont haben. Es wirkt doch großartig, wenn eine tolle Frau zu ihren Stärken steht und diese auch ansprechen kann. Das Herunterspielen von eigenen Leistungen konnte ich schon zu Schulzeiten nicht leiden. Wenn jemand in der Klasse immer nur beste Noten schrieb, aber nach Abgabe jeder Klassenarbeit versicherte, dass die bestimmt »total verhauen« sei und diesmal sicher nur eine Vier herauskommen würde, waren das meist Mädchen. Wurde es dann erwartungsgemäß wieder eine Eins, konnte ich diejenige nicht mehr ernst nehmen. Wie sympathisch hingegen, wenn jemand aussprechen konnte: »Ich habe ein gutes Gefühl. Kurvendiskussion liegt mir.« Das imponierte mir. Vor allem dann, wenn die Selbsteinschätzung und das Ergebnis übereinstimmten. Und ich nahm mir vor, diejenige oder denjenigen das nächste Mal in den Vorbereitungen einer Prüfung nach Tipps anzusprechen.

In einer Seminarrunde mit weiblichen Führungskräften machte ich neulich ein Experiment: Reihum sollte jede Frau eine ihrer besonderen Stärken benennen und diese Auswahl begründen. »Ich kann sehr gut komplexe Zusammenhänge einfach erklären und auch zu Papier bringen«, meinte eine. »Ich sehe in einem Businessplan sofort, wenn etwas unschlüssig ist, und weiß, welche Punkte am wichtigsten sind und gleich zu Beginn besonders herausgestellt werden müssen«, erklärte eine andere. Die IT-Leiterin verriet uns: »Was ich richtig gut kann: Ich verstehe die Probleme meiner internen Kunden genau und kann sie an meine Mitarbeiter so vermitteln, dass diese eine exakt passende Lösung entwickeln können.« Es war einfach herrlich, sich all diese wunderbaren Stärken anzuhören. Bei jeder Einzelnen hatte ich richtig Lust, ihre Fähigkeiten eines Tages in Anspruch zu nehmen, oder wusste sofort jemanden, der eine solche Kraft gut brauchen könnte.

Am Ende fragte ich, wie es sich angefühlt hätte, über die eigenen Stärken zu sprechen, und weiter, wie die Aussagen der anderen wirkten. Alle waren sich einig, dass die Aufgabe zunächst ein wenig Überwindung gekostet hatte, weil die Damen es nicht gewöhnt waren, so über sich selbst zu sprechen. Gleichzeitig fanden alle die Aussagen der Kolleginnen sympathisch und keineswegs angeberisch oder übertrieben.

Die Überzeugungstäterin kennt ihre Stärken gut.
Und sie kann sie auch klar formulieren.

Unsere Eigenschaften sind wie eine Bühne: Wir allein entscheiden über die Ausleuchtung!

Wenn ich mit einer Coachee über ihr Image spreche und wir gemeinsam an ihrem Erscheinungsbild arbeiten, heißt das keineswegs, dass ich eine neue Persönlichkeit erfinden möchte, die es nicht gibt. Jeder Mensch hat eine Fülle an wunderbaren und nützlichen sowie einige hinderliche oder unwichtige Eigenschaften. Sie zusammen ergeben das Bühnenbild unseres Charakters: Alles ist wahr und da. Doch niemand zwingt uns, die komplette Bühne in grelles Neonlicht zu tauchen! Die beste Wirkung erzielen wir, wenn wir uns ganz genau überlegen, welche Eigenschaften wir besonders betonen wollen und welche wir eher im Hintergrund lassen.

Es ist ein interessantes Spiel, Menschen aus unserem entfernteren Umfeld zu fragen, welche drei Eigenschaften sie am ehesten mit uns verbinden, und diese Liste zu vergleichen mit den Einschätzungen von Leuten, die uns besonders nahestehen, und dem, wie wir selbst uns sehen. Bestimmt treffen einige genau unsere Besonderheiten. Doch ich bin auch sicher, dass wir viele Fähigkeiten haben, die anderen weniger aufgefallen sind. Und wir sind vermutlich überrascht, welche Punkte andere bemerkenswert finden, die uns selbstverständlich erscheinen. Die Frage ist jetzt nur: Auf welche der genannten Eigenschaften sind wir besonders stolz? Welche Stärken bringen uns weiter? Welche sind besonders hilfreich, wenn wir unsere Ziele erreichen wollen? Diese gilt es besonders zu polieren und ins Rampenlicht zu stellen. Wenn wir einige andere Eigenschaften im Dunkeln lassen, ist das nicht weniger authentisch, sondern einfach nur schlau.

Bringen Sie andere dazu, gut über Sie zu sprechen

Es ist ohne Zweifel viel eleganter, und es wirkt glaubwürdiger, wenn andere uns loben, als wenn wir das selbst tun. Behauptet ein Berater, wie toll und schlau und fähig er ist, wirkt das auf uns anders, als wenn er auf seiner Internetseite Stimmen von Kunden oder Auszüge aus Presseartikeln über ihn und seine Arbeit zitiert. Lautes Lob bekommen Sie über diese Schritte:

Erstens: Loben Sie andere!

Auf Twitter und LinkedIn gibt es ein schönes Ritual: Besonders freitags – auf Twitter heißt das dann »followfriday, abgekürzt #ff« – empfiehlt man einen oder mehrere seiner Kontakte an andere weiter und schreibt einen kurzen Satz darüber, warum es wertvoll ist, mit dieser Person vernetzt zu sein. So werden meine Netzwerkpartner dazu animiert, sich füreinander zu interessieren, und sie bewerten es besonders positiv, wie ich über jemanden schreibe, weil sie mich ja kennen und meine Meinung einordnen können. Auch auf LinkedIn ist mittlerweile von einer Freitagsempfehlung die Rede, und das Prinzip wird hier fortgesetzt.

LinkedIn bietet außerdem die Möglichkeit, dass ich einem Menschen, mit dem ich verknüpft bin, besondere Kenntnisse und Fähigkeiten (Skills) bestätige. So ergibt sich auf jeder einzelnen Profilseite ein interessantes Bild mit einem Mix an Fähigkeiten, mit denen jemand aus der Sicht anderer in Verbindung gebracht wird. Bescheinige ich jemandem, dass ich ihn mit den Stärken »Business-Strategie« und »Change-Management« in Verbindung bringe, wird der andere beim Lesen meines Feedbacks automatisch eingeladen, auch meine Stärken zu benennen. Auf diese Weise kann ich durch die Bestätigung der Stärken anderer tolle Referenzen für mich sammeln, die andere dann wieder lesen können, sobald sie auf mein Profil klicken, und so weiter.

Vermutlich wird niemand hier etwas hervorheben, was er nicht wirklich so meint. Doch wenn wir andere loben, bringen wir diese eher auf die Idee, uns auch ein Feedback zu unserer Person zu geben. Viele (Frauen) neigen dazu, davon auszugehen, dass es reicht, gute Arbeit zu leisten, die positiven Stimmen kämen dann von ganz allein. Im Alltag ist es aber nur sehr selten so, dass sich jemand die Zeit nimmt, uns eine Rückmeldung zu geben, wie zufrieden er mit unserer Leistung ist.

Die Überzeugungstäterin spricht und schreibt regelmäßig über die guten Leistungen anderer.

Beiträge in sozialen Netzwerken und Blogbeiträge kommentieren

Für das Lesen von Textbeiträgen und Blogposts nehme ich mir regelmäßig ein wenig Zeit. Ich finde es hoch interessant, wie meine Kontakte aktuelle Nachrichten kommentieren oder Neuigkeiten aus ihrer Arbeit beschreiben. Wenn ich mir schon die Zeit zum Lesen genommen habe, dauert es auch kaum länger, einen gelungenen Beitrag zu »liken« oder mit einem kurzen Kommentar zu versehen. Und nichts freut einen Autor mehr als zu sehen, wie viele Leser er hatte und wer sich mit den Inhalten auseinandersetzt. Und ganz nebenbei lerne ich dazu, weil ich sehe, welche Arten von Text oder welche Themen auf LinkedIn auf großes Interesse stoßen. Zusatzeffekt: Auch durch Kommentare mache ich mich sichtbar.

Zweitens: Fragen Sie aktiv nach Feedback!

Bitten Sie Ihre Vorgesetzten, Projektleiter oder auch Ihre Kunden von Zeit zu Zeit um eine Beurteilung. Je konkreter Sie diese Bitte äußern, umso besser. »Finden Sie mich gut?«, ist zu allgemein. »Wie zufrieden waren Sie mit meiner Leitung des Projekts X?« ist konkret und bringt Ihnen mit Sicherheit eine hilfreiche Einschätzung Ihrer Arbeit ein. Klären Sie am besten auch ganz direkt, ob Sie das gegebenenfalls zitieren dürfen, etwa auf Ihrer Website oder an anderer Stelle.

Die Überzeugungstäterin bittet andere um Weiterempfehlung.

Wann immer Sie den Eindruck haben, Sie konnten mit Ihrer Arbeit begeistern und jemand bedankt sich bei Ihnen dafür ganz explizit, nutzen Sie diese schöne Situation für sich: »Wenn Sie mir eine Freude machen wollen, sprechen Sie das doch gern bei Gelegenheit mal bei Abteilungsleiter X oder Vorstand Y an, wie toll unsere Zusammenarbeit klappt. Ich finde, die sollten das auch wissen.« Von selbst kommen Menschen leider nur höchst selten auf die Idee, lautstark irgendwelche Empfehlungen auszusprechen. Viel zu sehr sind wir alle mit unseren eigenen Dingen beschäftigt.

Kürzlich konnte ich während eines Coachings gemeinsam mit meinem Klienten ein Problem lösen, das ihm wirklich wie ein Stein im Magen lag.»Wenn ich irgendwann etwas für Sie tun kann, lassen Sie es mich wissen!«, war ein tolles Angebot, das ich sofort aufgriff:»Da habe ich direkt eine Bitte: Wenn es sich ergibt, sprechen Sie gern mal den Personalentwickler in Ihrem Haus darauf an, dass unsere Zusammenarbeit einen ganz konkreten Nutzen für Ihre Arbeit hat. Das wäre wirklich toll.« Einige Monate später bekam ich genau aus dieser Richtung eine Anfrage für ein großes Beratungsprojekt! Ich weiß nicht, ob der Personaler mich ohne diese unmittelbare, sehr authentische Empfehlung von innen als mögliche Anbieterin auf dem Schirm gehabt hätte.

Sollten Sie übrigens mein Buch bis hierher gelesen haben und mögen, wäre es fantastisch, wenn Sie sich ein paar Minuten Zeit für eine kleine Bewertung auf Amazon nehmen (auch wenn Sie das Buch bei Ihrem Buchhändler um die Ecke gekauft haben). Sie glauben gar nicht, wie klein der Anteil der Leser ist, die das tun, selbst wenn sie total begeistert sind. Offenbar denken alle, das machten ja schon genügend andere. Wenn Sie das Buch nicht mögen, schreiben Sie mir gern direkt.

Gehen Sie raus – der Prophet im eigenen Land ist nichts wert!

Aus irgendwelchen Gründen halten wir alles Gute, von dem wir glauben, dass es von weit herkommt, für noch besser: Häagen-Dazs Eiscreme wird vor allem in den USA mit großer Begeisterung konsumiert. Der Name klingt nach einem köstlichen dänischen oder schwedischen Produkt mit allerfeinsten Zutaten. Dabei wurde das Unternehmen von polnischen Gründern in New York aufgebaut. In München gibt es orthopädische Chirurgen, die sich unter arabischen Scheichs und Asiaten einen so brillanten Ruf aufgebaut haben, dass Patienten scharenweise aus weit entfernten Regionen angeflogen kommen, um sich an der Isar unters Messer zu legen. In ihrer Heimat kennt sie jedoch kaum jemand. Vielleicht fliegen unsere Promis mit Bandscheibenvorfall nach Sydney oder Tokio?

Ich selbst hatte auch mal ein sehr lustiges Erlebnis mit Journalisten aus meiner damaligen Nachbarschaft: Vor vielen Jahren gründete ich mit Anfang zwanzig mein erstes Unternehmen im Raum Ingolstadt und begann, mich durch Pressearbeit bekannter zu machen. Immer wieder versuchte ich, dem örtlichen *Donaukurier* die spannende Geschichte einer jungen Mutter zu vermitteln, die eine Preisagentur gegründet hatte. Das Geschäftsmodell dieser Agentur war an sich leicht zu verstehen: In der Vor-Internet-Zeit konnte man sich bei uns melden und sich die günstigsten Einkaufspreise für Autos, Möbel oder Elektrogeräte recherchieren lassen – per Telefon und Fax. Ich wurde von der Redaktion an die Anzeigenabteilung verwiesen, am Telefon abgewürgt und erhielt null Reaktion auf meine Pressemitteilungen.

Irgendwann ließ ich das schwierige Unterfangen sein und stellte fest, dass es deutlich einfacher war, in der *Wirtschaftswoche*, *Impulse*, *Cosmopolitan* oder *Focus* mit einem Artikel unterzukommen. Als schließlich ein *Spiegel*-Redakteur auf die Idee kam, mich als eine erfolgreiche und junge Gründerin in seiner Titelgeschichte zu erwähnen und mein Konterfei zusammen mit sieben anderen Köpfen sogar auf dem Cover abgebildet war, klingelte am Montag des Erscheinens mein Telefon: Der *Donaukurier* fragte nach einem Interviewtermin!

Suchen Sie weit entfernte Bühnen für Ihren Auftritt

Denken Sie doch mal ganz groß und auch ein wenig um die Ecke: Für wen auf dieser Welt könnte Ihr Wissen interessant sein? Wo könnten Sie sich mit Ihrer Expertise einbringen? Nicht nur in Deutschland gibt es unzählige Kongresse und Messen, Netzwerkveranstaltungen oder Verbandsaktivitäten, wo die Organisatoren dankbar sind, wenn sie praxisnahe und lebendige Vorträge angeboten bekommen. Und glauben Sie mir: Es ist viel einfacher, vor 1000 Fremden einen Vortrag zu halten, als vor 200 Kollegen, die einen guten kennen.

Im eigenen Team bekommen das dann später schon alle mit, dass man »in der großen, weiten Welt« unterwegs war und dort eine gefragte Expertin ist. So etwas spricht sich rasend schnell herum. Fragen Sie Kollegen, welche Veranstaltungen diese besuchen. Durchsuchen Sie das Netz nach Ihren Expertisen als Stichwort und fahnden Sie nach Messen und Kongressen zu diesen Themen. Lesen Sie die Internetseiten von Fachverbänden aufmerksam durch und achten Sie auf Termine, wo Sie sich einbringen könnten. Bieten Sie Ihr Wissen ganz aktiv in Form eines kurzen Praxisvortrags an. Melden Sie sich, wenn Teilnehmer für eine Podiumsdiskussion gesucht werden. Haben Sie erst einmal einen Fuß in dieser Tür, werden weitere Anfragen von ganz allein auf Sie zukommen. Jetzt brauchen Sie nur noch im eigenen Unternehmen von Ihren Aktivitäten erzählen – in Meetings oder im Mitarbeitermagazin. Oder vielleicht landen Sie auf der Titelseite eines Kongressflyers und die Aufmerksamkeit kommt von außen zu Ihnen ins Unternehmen. Was für eine schöne Bestätigung!

Leisere Menschen schreiben lieber

Wenn Sie nicht so gern Vorträge halten, können Sie dennoch einen bleibenden Eindruck bei anderen hinterlassen, nämlich schreibend! Die einfachste Möglichkeit: Kommentieren Sie fleißig Beiträge von gut vernetzten Kollegen im Internet, etwa auf LinkedIn oder Xing. Seien Sie großzügig mit dem Vergeben von Likes und fügen Sie ruhig einen ergänzenden Satz als Kommentar hinzu, wie Sie zum Thema stehen oder warum Sie den Beitrag wertvoll fanden. Auf diese Weise stolpern Menschen immer wieder über Ihren Namen und bringen Sie mit den richtigen Themen in Verbindung.

Dasselbe können Sie natürlich auch, falls es das in Ihrem Unternehmen gibt, im Intranet praktizieren. Wenn Sie selbst eigene Artikel veröffentlichen, werden Sie merken, wie gut es tut, wenn die eigenen Texte Beachtung und Zuspruch erhalten.

Die Überzeugungstäterin liest nicht nur aktiv – sie kommentiert vor allem viel beachtete Texte anderer im Netz.

Eigene kurze Beiträge online verfassen

Es ist eine tolle Textübung, regelmäßig zu versuchen, über ein interessantes, aktuelles Thema einige wenige Zeilen zu schreiben. Und zwar so, dass andere Spaß haben, sie zu lesen. Natürlich braucht kein Mensch eine Beschäftigungstherapie aus Langeweile. Doch wer sich gern als Expertin oder Experte zu bestimmten Stichworten positionieren und einen Namen machen will, tut gut daran, im Netz zu diesen Begriffen gefunden zu werden.

Da ich gern schreibe, fällt es mir sehr leicht, meine Spuren zu Arbeitslustthemen auf LinkedIn, Instagram, Facebook oder Twitter zu hinterlassen. Und ich bin immer wieder erstaunt, wer das alles liest und mich sogar darauf anspricht.

Positionieren Sie sich mit Ihrem Thema über ein eigenes Blog

Ein Blog eignet sich hervorragend, um den eigenen Namen mit den gewünschten Themen zu verknüpfen. Dabei erwartet niemand von Ihnen, dass Sie täglich einen neuen Textbeitrag online stellen. Wenn Sie nur ab und zu einen kurzen, klugen Text über ein fachliches Thema publizieren, sorgen Sie dafür, dass Ihr Name in Suchmaschinen gleich in Verbindung mit den Schlagworten auftaucht, die Ihnen wichtig sind.

Auch wenn das im Moment nicht so relevant sein mag: Irgendwann sind Sie wieder auf der Suche nach einem neuen Projekt, nach einer neuen Aufgabe oder nach einem neuen Job. Wenn Sie dann erst damit anfangen, sich im Netz einen Namen zu machen, kostet es viel Zeit, bis Sie mit Aufmerksamkeit oder erst recht mit Reaktionen rechnen können.

Es ist technisch ganz leicht, eine eigene Blogseite einzurichten. Selbst unsere jüngste Tochter hat sich im Alter von neun Jahren ein eigenes Blog für Jugendliteratur erstellt. Im Netz finden Sie ganz viele anschauliche Anleitungen, wie das funktioniert, etwa auf dieser Seite: https://letsseewhatworks.com/blog-erstellen/

Beginnen Sie mit einer Schlagwortwolke

Da Sie bestimmt nicht unbegrenzt viel Zeit in Ihr eigenes Onlinemarketing stecken wollen, empfiehlt es sich, hier strategisch vorzugehen. Beginnen Sie mit der Leserperspektive:

Welche Worte würde jemand in eine Suchmaschine eingeben, um eine Expertin wie Sie zu finden? Mit welchen Schlagworten wollen Sie gern in Verbindung gebracht werden? Notieren Sie sich diese Begriffe und hängen Sie sie am besten über Ihren Schreibtisch. Wenn Sie nun Blogartikel publizieren, Posts auf Facebook veröffentlichen oder andere Textbeiträge schreiben, sollten Sie diese Begriffe immer wieder verwenden.

Es hilft übrigens auch, wenn Sie mündlich immer wieder diese Vokabeln verwenden. Ich stelle mich neuerdings auf Netzwerkveranstaltungen oder Partys auch als Überzeugungstäterin vor. Das macht neugierig und die Menschen merken sich so ganz leicht, wofür ich stehe. »Beraterin mit so allerlei Themen« ist nämlich nicht so griffig und erzeugt keine Bilder im Kopf.

Wie wäre es mit einem eigenen Newsletter?

Vor etwa neun Jahren rätselte ich, auf welche Weise ich am einfachsten mit all meinen Kontakten in Verbindung bleiben könnte, die ich in Seminaren oder auf Veranstaltungen kennenlernte. Ich konnte ja nicht davon ausgehen, dass alle auf derselben Social-Media-Plattform aktiv wären und es mitbekämen, wenn ich etwas zu sagen hätte. Besonders (aber nicht nur) für viele freiberuflich Aktive ist es wichtig, dass potenzielle Auftraggeber genau im richtigen Moment an einen denken und über den Namen stolpern.

Zunächst zweifelte ich, ob ein Newsletter der richtige Weg war, um immer wieder an mich zu erinnern. Waren Newsletter nicht längst »out«?! Ich probierte es einfach aus und war erstaunt über die hohe Anzahl an Leuten, die meine E-Mails lasen, und über die Menge und Qualität der Rückmeldungen, die ich bekam. Ich denke, das Erfolgsgeheimnis eines Newsletters, der gern gelesen wird, sind diese Faktoren:

- Einen Newsletter niemals Newsletter nennen. Immer ein wichtiges Thema herausgreifen und dieses in die Betreffzeile schreiben.
- Kein Werbeblättchen daraus machen: Ein guter Newsletter bietet den Lesern interessante Inhalte. Ein ständiges »Kommen Sie, sehen Sie, kaufen Sie« nervt. Leser wollen einen Nutzwert haben. Das können interessante Informationen sein, aber auch eine gute Portion Unterhaltungswert. Bilder lockern die Textbotschaften auf.
- Regelmäßigkeit ist wichtig: Lieber alle zwei Wochen mit einer kurzen Nachricht melden, als alle drei Monate mit seitenlangen Texten.
- Texte, die gern gelesen werden, wurden auch immer gern geschrieben. Wer sich beim Texten quält, sollte es lieber lassen.
- Die Leser werden ganz persönlich und namentlich angesprochen.
- Die Themen sind für den Leser relevant, also nützlich und aktuell.
- Die Textbeiträge sind kurz, über einen Link kann man zu tieferen Informationen gelangen. Darüber lässt sich dann auch wunderbar auswerten, welche Beiträge die Leser besonders interessant fanden.
- Richtig gute Bilder lockern auf.
- Es gibt zwischendrin Grund zum Schmunzeln.
- Es geht nicht nur um sachliche Jobthemen, es werden auch privat interessante Meldungen gestreift.

Es gibt übrigens tolle Programme zum Erstellen und Versenden von Newslettern, die bei einer geringeren Anzahl von Empfängern sogar gratis genutzt werden können. Mailchimp ist wohl das bekannteste Tool, ich selbst nutze Madmimi. Diese Programme helfen Ihnen auch dabei, dass Sie die strenge Datenschutzgrundverordnung einhalten. Jeder Empfänger Ihres Newsletters sollte sich nämlich selbst als Interessent eintragen und dann nochmal per E-Mail bestätigen, dass er auch wirklich damit einverstanden ist, künftig Ihre Post zu erhalten.

Verknüpfen Sie all Ihre Aktivitäten über Links und Querverweise

Wir dürfen nicht davon ausgehen, dass immer alle alles mitbekommen, was wir so tun. Selbst gute Freunde lesen nicht alle Beiträge (denn auch die haben manchmal noch etwas anderes zu tun, außer uns zu beobachten). Es ist also keineswegs aufdringlich, sondern eine Notwendigkeit, auf den verschiedenen Plattformen Hinweise zu hinterlassen, wo wir wieder aktiv waren. Wer einen neuen Blogbeitrag geschrieben hat, sollte auf sämtlichen Social-Media-Plattformen darauf verlinken, damit der Text auch gelesen wird. Damit der Hinweis auch schon einen Mehrwert hat, würde ich direkt eine wichtige Aussage herausgreifen. Also nicht nur schreiben: »Hier ein neuer Text von mir zum Thema Überzeugungskraft«, sondern besser: »7 Tricks, damit man Ihnen im Meeting zuhört«. Das ist viel konkreter, macht sofort neugierig und verführt zum Weiterlesen.

Verlinken Sie auf andere und bitten Sie, umgekehrt das Gleiche zu tun

In Suchmaschinen werden Sie viel schneller gefunden, wenn auf möglichst vielen Seiten auf Sie verlinkt wird. Und das erreichen Sie am einfachsten, indem Sie selbst immer wieder gute Blogbeiträge anderer Autoren loben und darauf verlinken.

Pressearbeit ist ein großartiger Multiplikator

Journalisten von Online-, Print-, Radio- oder TV-Medien sind immer auf der Suche nach interessanten Storys. Sie brauchen schlaue Interviewpartner, Zitate von Experten, Zahlen, Daten und Fakten in Form von Studienergebnissen oder Befragungen. Was immer Sie ihnen liefern können: Tun Sie es! Und beschränken Sie sich dabei nicht nur auf Fachpublikationen, die meist ohnehin nur von Wettbewerbern gelesen werden. Wenn Sie aufmerksam Zeitung lesen oder andere Kanäle nutzen, werden Ihnen bestimmt immer wieder Themen auffallen, zu denen Sie auch etwas zu sagen hätten. Schreiben Sie dem Journalisten eine E-Mail. Bieten Sie Ihr Wissen an, liefern Sie Bilder, Texte, Informationen oder Kontakte.

Als ich mein letztes Buch *Die neue Lust an der Arbeit* veröffentlichte, kam ich eines Abends auf dem Sofa beim Durchblättern eines regionalen Frauenmagazin auf die Idee, dass ich mich dort mal als Interviewpartnerin anbieten könnte. Ganz spontan schrieb ich eine E-Mail an die Chefredakteurin und erhielt gleich schon am nächsten Morgen eine positive Antwort. Heraus kam ein tolles Porträt über acht Seiten! Damit hatte ich wirklich nicht gerechnet. Und wieder gelernt: Ein Versuch lohnt sich ganz oft! Im schlimmsten Fall kommt nichts dabei heraus. Dann habe ich wenige Minuten Zeit investiert. So what?

So manchen wertvollen Journalistenkontakt habe ich übrigens geknüpft, weil ich eine andere wichtige Fähigkeit einer Überzeugungstäterin habe und diese immer weiter übe und praktiziere: das Netzwerken!

Kapitel sieben

NETZWERKEN: STRATEGISCH NEUE KONTAKTE KNÜPFEN

Ein gutes Netzwerk ist eine Kapitalanlage

»Ich brauche kein Netzwerk. Ich habe einen guten Job und genügend Freunde«, antwortete mir kürzlich eine Workshopteilnehmerin auf die Frage, wer in der Seminargruppe Xing oder LinkedIn nutzt. Natürlich hat sie Recht: Kein Mensch »braucht« ein Netzwerk. Aber es ist grandios, ein tolles Netzwerk zu haben, weil vieles leichter ist! Nicht nur, wenn man den Arbeitgeber wechseln will oder wenn einem sonntags fad ist.

Bei jedem beliebigen privaten oder beruflichen Anliegen kann es hilfreich sein, gute Kontakte zu haben. Ob wir nun einen geeigneten Raum für den nächsten Kreativworkshop in einer fremden Stadt suchen oder für die Tochter eine bezahlbare Studentenunterkunft im Ausland, ob wir einen Fachspezialisten als Vortragenden für unsere Firma brauchen oder unter Medizinern einen Fachmann für Tante Ernas Beschwerden: Es hilft, wenn wir jemanden fragen können, der sich damit auskennt.

Manchmal ahnt man nicht, wie schnell man dann doch plötzlich ein gutes Netzwerk »braucht«. Letzte Woche hatte ich ein Coaching mit einer Frau, die seit 18 Jahren sehr zufrieden für einen Arbeitgeber tätig war, der nun den Geschäftsbereich aufgibt, in dem sie arbeitete. Ihr LinkedIn-Profil hat nun 21 Kontakte ... Es wird wohl noch eine ganze Weile dauern, bis sie über ihr Netzwerk von neuen, interessanten Stellenausschreibungen erfährt und empfohlen wird.

Mein großartiges Netzwerk hat mir schon allerlei Aufträge vermittelt, eine Karte für ein längst ausgebuchtes Konzert von Sting angeboten, ein Au-pair aus Mexiko empfohlen und mich mit Geschäftspartnern verknüpft, mit denen ich nun schon seit Jahren begeistert zusammenarbeite. Über ein gutes Netzwerk erfahren wir, wenn im eigenen Unternehmen eine Stelle neu besetzt werden soll, lange, bevor die Inserate geschaltet werden. Doch wo findet man neue Kontakte und wie verbindet man sich am schlauesten mit ihnen?

Frauen sind grandiose Netzwerkerinnen

... allerdings eher privat als beruflich. Wir pflegen Freundschaften über Jahre, sind die fleißigsten Schreiberinnen in WhatsApp-Gruppen oder auf Facebook, plaudern charmant auf Partys oder bei Essenseinladungen. In vielen Beziehungen ist die Rollenverteilung klar: »Sie« kümmert sich um das Gesellschaftliche, behält die Geburtstage im Blick und weiß genau, wer mal wieder zum Essen eingeladen werden sollte.

Im beruflichen Kontext sind wir etwas zaghafter unterwegs, vor allem, wenn es um die Kontaktanbahnung geht: Das Business-Netzwerk Xing stellte bei einer Analyse der Mitgliederprofile fest, dass Frauen sich deutlich seltener als Männer mit Personen vernetzen, die ranghöher sind als sie selbst. In Verbindung bleiben mit denen, die wir mögen, scheint uns wichtiger, als Menschen kennen zu lernen, die nützlich sein könnten. Beziehungsnetzwerke von Frauen sind stabiler. Männer gelangen schneller an relevante Informationen, etwa wo ein Job zu vergeben ist oder wo neue Aufträge vergeben werden. Wenn wir voneinander lernen, können wir beides haben: ein weit verzweigtes, stabiles Netzwerk zu wirklich relevanten Entscheidern und angenehmen Menschen.

Die Überzeugungstäterin tauscht sich nicht nur mit Gleichgesinnten aus. Sie sucht gezielt den Kontakt zu Menschen, von denen sie lernen kann.

Wer ist wichtig für mich?

Dieser Frage lohnt es sich nachzugehen, bevor man damit anfängt, viele Stunden wertvolle Zeit in Netzwerktreffen, Round-Table-Veranstaltungen oder für das Herumdaddeln auf Social-Media-Plattformen zu investieren. Denn tatsächlich kann man auf Seiten wie Facebook oder Twitter viele Stunden Zeit verlieren, wenn man nicht strategisch vorgeht.

Ich sollte mir immer wieder die Frage stellen: Was sind meine kurzfristigen und langfristigen beruflichen Ziele? Wer könnte mir hierfür Tipps geben oder Kontakte herstellen? Wer ist heute schon da, wo ich morgen sein will? Wer kennt Menschen, die mit diesen Vorbildern regelmäßig zu tun haben? In welchen Verbänden sind die Menschen organisiert, die mir wichtig sind? Welche Veranstaltungen besuchen sie? Was lesen sie? Wo kann ich sie treffen?

Unsere Themen und Ziele verändern sich ständig. Deshalb notiere ich mir monatlich und jährlich, was ich nicht aus den Augen verlieren will. Vielleicht brauchen wir in den nächsten Wochen ganz konkrete Unterstützung bei der Ausarbeitung eines Projekts, das dann aber irgendwann abgeschlossen sein wird. Plane ich gerade zum ersten Mal eine Dienstreise nach Hongkong, habe ich aktuell ganz viele Fragen, die mich nach meiner Rückkehr nicht mehr beschäftigen werden. Will ich für solche kurzfristigen Themen Unterstützung, hilft es mir, wenn ich ein weit verzweigtes Kontaktenetz habe mit Menschen, die ihrerseits viele Leute kennen und zu vielen Themen etwas sagen können. Schon oft war ich sehr erfolgreich, wenn ich meine viele Tausend Follower auf Twitter fragte, wer mir einen Spezialisten empfehlen könnte oder wer einen geeigneten Seminarraum für einen Kreativworkshop in einer fremden Stadt kennt.

Die Überzeugungstäterin weiß, wer langfristig für sie wichtig sein könnte.

Langfristige Karriereziele gelten vielleicht für mehrere Jahre oder gar Jahrzehnte. Und es gibt ganz sicher Menschen, die mich auf meinem Weg dorthin sehr hilfreich begleiten können. Diese besonders wertvollen Kontakte brauchen intensive Aufmerksamkeit und Pflege! Wie sicherlich die meisten Menschen könnte ich eher 30 oder 50 als 5 000 solcher Namen benennen, die ich als Favoriten einstufen würde. Und die schaffe ich auch noch, mit einer handgeschriebenen, sehr persönlichen Weihnachtskarte zu bedenken.

Es lohnt sich, gute Kontakte immer wieder sehr persönlich anzusprechen

Vor vielen Jahren erreichte mich die Firmenweihnachtskarte meines besten Freundes: Voller Vorfreude öffnete ich den Umschlag – und meine Gesichtszüge erstarrten: Eine Standardkarte mit aufgedrucktem Weihnachtsgruß, die Anrede lautete »Liebe Geschäftspartner und Freunde«, die Unterschrift war kaum zu lesen. Ich verstehe das. Also, grundsätzlich. Wenn man über 1 000 Empfänger adressiert, müsste man um Ostern herum mit dem Schreiben beginnen, wenn jeder einen persönlichen Gruß erhalten soll. Ich halte solche Massenmailings nicht nur für sinnlos, sondern für eine Beleidigung: Entfernte Bekannte und Kunden würden eine solche Karte kurz zur Kenntnis nehmen und anschließend sofort dem Altpapier übergeben. Aus ein und demselben Konzern erhielt ich in einem Jahr gleich mehrere identische Karten! Auf keiner einzigen konnte ich die Unterschriften zuordnen. Ich wusste also noch nicht einmal, wer mir da geschrieben hatte.

Ein so liebloses Massendruckerzeugnis von meinem allerbesten Freund! Noch nicht einmal eine persönliche Anrede war darauf zu finden. Kein handgeschriebener Text. Kein herzlicher Gruß. Gute Freunde und wichtige Geschäftspartner, mit denen man intensiv zusammengearbeitet hatte, beleidigt ein solches Druckerzeugnis. Ich wollte auf keinen Fall, dass jemals jemand über meine Weihnachtspost verärgert wäre. Deshalb schreibe ich seit diesem Zeitpunkt nur ganz persönliche Grüße von Hand – schaffe aber dafür nicht so viele Karten. Ich höre einfach ein paar Tage vor Weihnachten auf und stecke alle Umschläge in die Post, die ich bis dahin geschafft habe. Es gibt mir ein gutes Gefühl zu wissen, dass in jeder einzelnen Karte ganz viel Herzblut steckt. Und diese paar Minuten, die ich meinen wichtigen Menschen widme, lohnen sich. Das zeigt sich darin, dass ich auf meine Weihnachtspost bis weit ins neue Jahr hinein regelmäßig die allerfreundlichsten Antworten bekomme.

Die Überzeugungstäterin pflegt ihre wichtigsten Kontakte ganz intensiv: Sie nimmt sich Zeit für handschriftliche Grüße, lädt ein, denkt an Geburtstage und findet immer ein paar persönliche Worte.

Erst geben, dann nehmen

Nach meinem Verständnis sind gute Kontakte wie eine Bank: Ich zahle ein, wenn ich etwas übrighabe, und lasse mein Kapital verzinsen, damit ich irgendwann später, wenn ich etwas brauche, darauf zugreifen kann. Deshalb frage ich mich regelmäßig: Was ist das derzeit dringendste Problem meiner wichtigsten Kontakte? Was können sie brauchen? Welche Informationen könnte ich ihnen liefern, die für sie hilfreich sind? Womit könnte ich ihre Arbeit erleichtern?

All das versuche ich, in Gesprächen herauszufinden, ich lese aufmerksam, was der andere schreibt, und verfolge Nachrichten und Meldungen aus der Branche. Sucht ein Lieblingskunde gerade neue Mitarbeiter, teile ich natürlich seine Jobanzeige unter meinen Kontakten. Recherchiert ein Journalist gerade für einen Artikel über Ernährungstrends in Firmenkantinen, nenne ich Beispiele und vermittle gern Interviewpartner. Im besten Fall tue ich gleich zwei Leuten einen Gefallen: Der Suchende hat weniger Arbeit, der vermittelte Gesprächspartner freut sich über eine Presseveröffentlichung.

Die Überzeugungstäterin weiß: Ihr Netzwerk ist ihre Bank. Ihr Notgroschen in schweren Zeiten. Ihre Altersvorsorge.

Netzwerken ist kein Kuhhandel zwischen zwei Leuten

Wer denkt, dass Geben und Nehmen immer zwischen denselben Partnern und möglichst zeitnah erfolgen muss, hat Netzwerken nicht verstanden. Ich glaube daran, dass alles, was ich gebe, irgendwann zu mir zurückkommt. Und manchmal aus völlig unerwarteter Richtung. Erst kürzlich erlebte ich ein solches Beispiel: Auf einer Netzwerkveranstaltung eines Verbands tauschten sich die Gäste nach sehr interessanten Impulsvorträgen begeistert bei Kaltgetränken und Häppchen aus. Es ergab sich, dass ich einem Geschäftsführer einen Kollegen sehr überzeugt empfehlen und bei dieser Gelegenheit gleich direkt miteinander bekannt machen konnte. Einen Teil meiner Lobeshymne hörte mein Kollege und freute sich natürlich sehr darüber.

Nun konnte er sich nicht sofort auf dieselbe Weise revanchieren. Der Zufall wäre enorm gewesen. Doch eine Stunde später sprach mich eine junge Unternehmerin an, die mich einmal vor Jahren auf einem Vortrag gehört hatte. Als sie hörte, mit welchen Themen ich mich aktuell beschäftige, fiel ihr sofort ein Berliner Unternehmen ein, das meine Kompetenzen gerade dringend brauchen könnte. Gleich am nächsten Morgen stellte sie uns via LinkedIn einander vor, in der folgenden Woche hatten wir einen Telefontermin. Mal sehen, was sich hieraus ergeben wird.

Kürzlich bekam ich zufällig mit, wie ein Bekannter jemanden um einen Gefallen bat: Er wollte gern für ein bestimmtes Thema empfohlen werden und bat sein Gegenüber, ihm eine Tür bei dessen Arbeitgeber zu öffnen und den Kontakt zu einem Kollegen herzustellen. »Und was habe ich davon?«, antwortete der andere. Mir blieb die Spucke weg. Einen solchen Satz hatte ich tatsächlich schon lange nicht mehr gehört. Es wirkte auf mich so, als würde jemand, der einem freundlicherweise den Koffer im Gepäckfach eines Zugs verstaut, dafür eine Bezahlung einfordern. Die Menschen, mit denen ich befreundet bin oder zusammenarbeite, ticken anders. Und darüber bin ich sehr froh.

Die Überzeugungstäterin fordert nicht bei jeder Gefälligkeit etwas zurück. Sie weiß, dass sie langfristig etwas bekommen wird – vermutlich aus ungeahnter Richtung.

Geschenke kommen oft aus ungeahnter Richtung

Die Idee, dass eine gute Tat, die weitergereicht wird, irgendwann aus einer anderen Ecke zurück zu uns gelangt, hatten sicher schon sehr viele Menschen. Besonders charmant beschrieben ist sie in dem großartigen Film *Das Glücksprinzip*. Ein kleiner Junge denkt sich im Rahmen eines Schulprojekts aus, dass wir die Welt wesentlich verbessern könnten, wenn wir mehreren Menschen, denen wir zufällig begegnen, völlig unerwartet einen Gefallen tun. Bitten wir die Beschenkten dann, ihrerseits das Glück an mehrere Mitmenschen weiter zu geben, könnte sich diese Geste exponenziell ausbreiten.

Ich probierte das einmal im Kleinen aus: Vor einigen Jahren bat ich zwei Mitreisende im Zug, kurz auf mein Gepäck aufzupassen, während ich mir einen Kaffee holte und in Ruhe telefonieren wollte. Die beiden waren sehr freundlich, und so brachte ich ihnen ungefragt auch einen Kaffee mit. Als sie ihn mir bezahlen wollten, winkte ich ab:»Lieber wäre es mir, Sie würden demnächst auch einmal zwei freundliche Mitmenschen auf einen Kaffee einladen und diese bitten, die Idee auch weiter zu tragen. Irgendwann müssten rein rechnerisch sehr viele Tassen Cappuccino bei mir ankommen.« Noch sind sie nicht bei mir gelandet. Sind vielleicht bei Ihnen schon welche abgegeben worden?

Mitmachen ist wichtig – jede kleine Geste zählt

Leider passiert es, dass manche Menschen eine solche Glückskette unterbrechen, weil sie denken, ihre gute Tat sei nicht so wichtig und würde ohnehin von niemandem gesehen werden. Wie schade! Vermittelt mir jemand einen Auftrag und bittet mich, als Gegenleistung auch ihn weiterzuempfehlen, ist es sicherlich richtig, dass er das nicht kontrollieren kann. Doch ich bin ganz sicher: Es ist genau die Summe aus ganz vielen, kleinen Gesten, die uns weiterbringt. 100 Weiterempfehlungen müssen irgendwann zu einem neuen Auftrag, einer Beförderung oder einem Jobangebot führen.

Wer einmal selbst erlebt hat, wie großartig es ist, einen beruflichen Mentor zu haben, der uns Kontakte vermittelt oder mit guten Ideen zur Seite steht, sollte diese Erfahrung unbedingt an andere weitergeben. Wer während der Schul- oder Studienzeit einmal bei einer Austauschfamilie willkommen war, hat hoffentlich heute selbst eine offene Tür für internationale Gäste. Es ist wichtig, die Kette nicht abreißen zu lassen.

Menschen, die nie gelobt werden, vergessen es, andere zu loben. Wer von anderen niemals Hilfe erfährt, kommt nicht so schnell auf die Idee, am Straßenrand stehen zu bleiben, wenn jemand eine Panne hat.

Netzwerken ist keine Tätigkeit – es ist eine Grundhaltung

Überall dort, wo Menschen sind, können sich interessante Kontakte ergeben. Wer Menschen mag und neugierig auf sie ist, hat die Chance, wirklich tolle Schätze kennen zu lernen. Man muss nur mit ihnen ins Gespräch kommen.

Deshalb plaudere ich gern mit Leuten in meiner Umgebung, egal ob ich mich gerade im kleinen Abteil der Bahn befinde, im Bus, beim Bäcker, im Skilift, am kalten Buffet oder vor dem Altglascontainer. Dabei bilde ich mir ein, nicht aufdringlich zu sein. Ergibt sich ein offener, freundlicher Blickkontakt, werfe ich eine kleine Angel in Form einer Frage oder Bemerkung aus. Bekomme ich keine Antwort oder nur eine sehr kurze, belasse ich es dabei.

Doch oft genug habe ich den Eindruck, mein Gegenüber hat nur auf eine Einladung zum Gespräch gewartet und freut sich über den

Austausch. Immer ist erst einmal Sympathie auf persönlicher Ebene da, und in manchen Fällen ergibt sich später ganz zufällig, dass der andere auch beruflich höchst interessant für mich ist – oder ich für ihn.

Die Überzeugungstäterin mag Menschen und interessiert sich ehrlich für sie. Deshalb erfährt sie in wenigen Minuten viel Wichtiges über sie.

Fremde Leute ansprechen

Sind wir bei Veranstaltungen oder unterwegs auf Reisen, begegnen wir immer wieder Menschen, die uns interessieren. Doch wie könnten wir sie ansprechen, wenn wir auf keinen Fall als aufdringlich, plump oder gar unhöflich oder anbiedernd wahrgenommen werden wollen?

Gemeinsamkeit verbindet

Sind wir auf engem Raum zusammengewürfelt, ist es ganz einfach. Wir brauchen unserem begeistert applaudierenden Sitznachbarn während eines Vortrags nur flüsternd beizupflichten, dass wir den Redner auch super finden. Wenn der andere nun Lust hat, entsteht ein Gespräch. Gemeinsamkeit schafft immer Sympathie! Fällt mir auf, dass eine andere Frau dieselbe Laptopmarke, ein Auto des gleichen Herstellers oder dieselbe Handtaschenmarke liebt, kann ich sie ja für ihren guten Geschmack loben: »Das sind wirklich die einzigen Taschen, die nicht nur gut aus sehen, sondern auch lange halten«, könnte der Beginn einer wunderbaren Freundschaft sein.

Vorsicht nur vor allzu viel Ähnlichkeit: Jeder Mensch möchte gern einzigartig sein. Spreche ich eine andere Frau darauf an, dass ich exakt dasselbe Kleid habe wie sie, wird sie sich wohl kaum darüber freuen. Lobe ich dagegen die Designerin oder den Designer, weil ich dessen Kreationen ebenfalls toll finde, ist das noch eine erträgliche Dosis

Gemeinsamkeit, die gut ankommt. Bei technischen Gadgets kann ich mich auch interessiert zeigen: »Oh, ich sehe, Sie haben ein Sound-so-Handy. Sind Sie zufrieden damit? Ich überlege mir auch gerade dasselbe Modell.«

Komplimente sind ein guter Einstieg

Kleine Komplimente wirken immer gut. Wir Frauen haben den großen Vorteil, dass es nie nach Anmache klingt, wenn wir ein Kleidungsstück, eine Uhr oder eine Frisur bewundern. Lobt ein Mann die Farbe meines Lippenstifts, frage ich mich schon, was der nun wirklich von mir will.

Ein Kompliment kommt vor allem dann gut an, wenn wir etwas anmerken, was dem anderen selbst wichtig ist. Trägt jemand immer Schuhe, die perfekt gepflegt und wie neu aussehen, wird er sich über eine Bemerkung diesbezüglich freuen. Fährt jemand ein Auto, das in diesem Jahr noch keine Waschstraße gesehen hat und von innen aussieht wie das Wohnzimmer einer Studenten-WG, ist es sinnlos, die außergewöhnlichen Felgen zu loben.

Positives Feedback auf gute Arbeit

Wem Komplimente zu oberflächlich sind, der kann Leistung loben. Doch ob jemand Ahnung zu einem bestimmten Thema hat oder brillant in der Umsetzung einer Arbeit ist, sehe ich ihm nicht an der Nasenspitze an. Ich brauche erst einmal Gelegenheit, die Kompetenzen des anderen zu erleben. Spreche ich einen Referenten nach seinem Vortrag an, wirkt es umso besser, je konkreter ich ihm Feedback gebe. »Ihr Vortrag war wirklich ganz, ganz toll!« hört sich ein wenig schleimig an. Wir sind ja keine Groupies! Das ganz konkrete Hervorheben einer Besonderheit wirkt viel stärker und ehrlicher: »Mir hat an Ihrem Vortrag besonders gut gefallen, dass Sie dieses komplexe Thema so wunderbar verständlich machen konnten. Vielen Dank dafür. Ich wünschte, die Lehrer meiner Kinder hätten Ihre Begabung.«

Wer nicht so dick auftragen möchte (oder beim besten Willen nichts finden kann, was an einem Vortrag nun besonders toll gewesen sein soll), kann dennoch fragen, ob es möglich wäre, die Folien zum Vortrag zum Nachlesen zu bekommen. Auch das zeigt Interesse und damit Anerkennung. Mit einem kleinen Hinweis auf die eigene Rolle können wir zusätzlich neugierig machen und provozieren, dass der andere nun mehr über uns erfahren will.»Ich würde diese Slides zu gerne mit meinem Team besprechen. Wir müssen demnächst unseren Aufsichtsrat davon überzeugen, wie wichtig Personalmarketing in nächster Zeit sein wird. Da haben mir Ihre Argumente sehr gut gefallen.«

Mut wird meist belohnt

Vor vielen Jahren besuchte ich eine Veranstaltung, bei der mich der Hauptredner, Zukunftsforscher Matthias Horx, schwer beeindruckt hatte. Beim Get-together am Abend hoffte ich, einige Sätze mit ihm reden zu können – wie Hunderte andere Besucher auch. Ich näherte mich auf wenige Meter, so dass wir schon Blickkontakt aufnehmen konnten, und wartete, bis irgendwann eine kleine Lücke in der Reihe seiner Fans entstehen würde. Sicherlich würde ich noch heute dort stehen und warten, wenn mir nicht der Zufall geholfen hätte. Denn die wortreichen Interessenten hinderten Herrn Horx sehr erfolgreich daran, auch nur einen einzigen Happen seines Antipasti-Tellers zu sich zu nehmen. Ich hatte Mitleid. Und ich hatte ein Eigeninteresse. Ich wollte ihn schließlich auch am Essen hindern und sprechen. Welch Konflikt!

Gerade, als sich ein Gesprächspartner verabschiedete und ich mich nähern wollte, überholte mich ein Herr von rechts. Mit lauten Worten fing dieser an, den Redner zu kritisieren. Mit diesem sei er nicht einverstanden, hier hätte er eine andere Meinung, und jenes könne man doch gar nicht so sagen. Auch wenn jemand noch so gut mit Kritik umgehen kann: Mit leerem Magen und vollem Teller fällt es sicher nicht leicht, sich auf ein solches Gespräch zu konzentrieren. Ich vernahm ein leicht genervtes Augenrollen und leises Seufzen, was ich als Einladung zur Rettung aufgriff. Mit forschen Schritten ging ich auf die beiden zu, tippte dem Kritiker auf die Schulter und meinte mit einem Blick auf meine Armbanduhr:»Entschuldigen Sie, ich bin die Managerin. Ich wollte Sie nur darauf hinweisen: die ersten drei Minuten Kritik sind immer gratis. Aber die wären jetzt vorbei.« Der andere war so perplex, dass er stumm von dannen zog. Und ich hatte Matthias Horx nun für einen Moment für mich. Was übrigens Jahre später dazu führte, dass ich auch für ihn und sein Zukunftsinstitut als Speakerin und Autorin tätig wurde.»Mutig!«, kommentierte eine Freundin mein Vorgehen später. Aber war es das wirklich? Was riskierte ich schon? Nichts! Im schlimmsten Fall hätte Herr Horx wohl gelacht, meine Bemerkung als Scherz beiseite gewischt und mit dem Herrn weitergeredet. Dann hätte ich mich eben wieder zurückgezogen.

Lieber angesprochen werden

Fremde Leute anzuquatschen, ist nicht jedermanns Sache. Wer lieber von anderen angesprochen werden möchte, erleichtert den Gesprächseinstieg durch kleine Äußerlichkeiten oder Besonderheiten, die eine interessante Oberfläche bieten. Diese Erkenntnis erlangte ich ganz zufällig, weil ich ein paar ungewöhnliche Hobbys habe und bei der Auswahl meiner Kleidung gern meine Laune durch Farben ausdrücke. Ich habe schon oft erlebt, dass Fremde manchmal scheinbar nur auf eine Gelegenheit warten, jemand anderen anzusprechen. Und auch mir fällt der Smalltalk leichter, wenn jemand mir ein mögliches Gesprächsthema bietet.

Wenn ich auf Reisen mein Strickzeug auspacke oder auf einer Terrasse meine Zigarre anzünde, dauert es in der Regel wenige Sekunden, bis mich jemand darauf anspricht. Ich kann davon ausgehen, dass dieser Mensch dann gerade in Gesprächslaune ist, und mich darauf einlassen – oder eben nicht! Will ich meine Ruhe haben, konzentriere ich mich mit festem Blick auf mein Muster und antworte nur kurz.

In einem Münchener Biergarten setzte ich mich einmal an einen Tisch, an dem ein Herr allein saß und Schopenhauer las. Ich fragte vorsichtig, ob ich mich dazu setzen dürfte und lobte seine Literaturauswahl. Ich weiß natürlich, dass es nichts Lästigeres gibt, als Menschen, die ignorant auf einen einreden, während man viel lieber weiterlesen möchte. Daher hielt ich meine Bemerkung sehr kurz und verstummte darauf sofort wieder. Mein Gegenüber legte sein Buch beiseite und wir unterhielten uns – bis im Biergarten die Lichter ausgingen. Ich erfuhr, dass er Notar war, bereits mehrfacher Großvater und nun aus reinem Interesse noch Theologie und Philosophie studierte. Es war ein wirklich interessanter Abend.

Die Überzeugungstäterin weiß, dass sie auch erfolgreich netzwerken kann, wenn sie selbst nicht gern fremde Menschen anspricht.

Auf einer Veranstaltung des Frauennetzwerks Nushu in München fiel mir eine Frau durch ihr leuchtend rotes Kleid auf. Ich ging auf sie zu, um sie auf ihre tolle Farbwahl anzusprechen, und wir waren sogleich in ein Gespräch über dies und das, über unsere Jobs und schließlich über den zaghaften Umgang von Steuerberatern mit dem Thema Digitalisierung. Sie überzeugte mich sofort mit ihrer Kompetenz und ihrem scharfen Verstand – und ist heute meine Steuerberaterin.

Ein anderes Netzwerktreffen der Leading Women sollte auf der Terrasse des Münchener Literaturhauses stattfinden. Ich kam bei herrlichstem Wetter mit dem Motorrad angebraust und hatte sofort Gesprächspartnerinnen um mich, die ebenfalls ein Zweirad hatten oder sich für meine schöne Triumph interessierten. Wer also ein besonderes Hobby hat, sollte dies ruhig, wenn es gerade passt, auch in der Öffentlichkeit ausleben. Wenn wir allerdings das Ziel verfolgen, niemals in irgendeiner Weise auffallen zu wollen, verschenken wir die Chance, dass uns andere leichter ansprechen können.

Ich habe festgestellt, dass es immer gut ist, einen Erinnerungsanker zu setzen. So weiß die andere Person auch nächste Woche noch, wer »die mit der weißen Brille«, »die mit dem Hut« oder »die mit den

Saint-Exupéry-Zitaten« war. Das ist auf jeden Fall besser als die zu sein, »die ständig zu spät« kommt oder die, »die dauernd auf ihr Handy guckt«. Wir Frauen haben es ja sowieso leichter, weil wir auf vielen Businessveranstaltungen in der Minderzahl sind und allein schon deshalb eher auffallen. Zumindest dann, wenn wir uns nicht als Männer verkleiden.

> *Die Überzeugungstäterin ist eine »Marke«.*
> *Man erinnert sich an sie.*

Miren Samper lernte ich auf dem WebSummit, einer sehr inspirierenden Internetkonferenz, in Lissabon kennen. Jeder, der ihr schon einmal begegnet war, erinnerte sich sofort an die lustige Frau mit den bunten Hüten und der Irlandflagge, die sie als riesiges Tuch mit sich herumschleppte und immer dann in die Luft hielt, wenn jemand ein Foto für Instagram oder Facebook mit ihr machen wollte. »Sei ein interessantes Fotoobjekt« ist gar kein schlechter Rat an jemanden, der während einer großen Konferenz oder Messe auf sich aufmerksam machen möchte.

Vielleicht lasse ich mir für die nächste Buchmesse einen Hut mit meterhohem Bücherstapel spezialanfertigen und laufe damit ein wenig durch die Hallen? In den sozialen Netzwerken tauche ich dann mit Sicherheit des Öfteren in den Accounts von Besuchern auf.

Den Kontakt halten

Sind wir nun vertieft in ein tolles Gespräch und haben den Eindruck, dass wir mit der anderen Person gern in Verbindung bleiben möchten, brauchen wir die Kontaktdaten. So banal das klingt – nicht jeder hat das verstanden.

Für eine Organisation, mit der ich schon öfter kooperiert hatte, hielt ich auf einer Messe einen Impulsvortrag am Stand. Nicht nur mein eigener Vortrag war gut besucht, den ganzen Tag über tummelten sich viele Interessierte und lauschten den Ideen der Speakerinnen und Speaker. Erstaunlich fand ich nur: Niemand sprach all diese potenziellen Interessenten für weitere Angebote, Vorträge oder Workshops auch nur an. Es gab keine Box, wo man seine Visitenkarte einwerfen konnte. Kein Gewinnspiel, keine Möglichkeit, einen Newsletter zu abonnieren. Mehrere Tausend Besucher gingen einfach wieder nach Hause, und der Gastgeber hatte wohl die Hoffnung, diesen Menschen irgendwann zufällig wieder zu begegnen. Nur die Referenten selbst wurden aktiv und nahmen persönlich Kontaktanfragen entgegen.

Die Überzeugungstäterin sammelt Visitenkarten. Sie ist loyal und pflegt ihre Kontakte kontinuierlich über lange Zeit.

Es ist wichtig, immer gleich an den nächsten Schritt zu denken. Angenommen, jemand interessiert sich für mich und meine Arbeit: Wie kann er sich leichter an meinen Namen erinnern? Wie kann er anschließend Kontakt mit mir aufnehmen?

Wer auf der Suche nach seiner entlaufenen Katze einen Zettel an einen Laternenpfahl klebt, bereitet schlauerweise schon mehrere Abschnitte zum Abreißen vor, auf denen jeweils der eigene Name und Handynummer steht. Ähnlich umsichtig sollten wir auch bei unseren geschäftlichen Aktivitäten sein.

Sei merkenswert – schon mit deinem Namen

Wie oft stellt sich mir jemand vor und nuschelt leise seinen eigenen Namen in Richtung Teppichboden vor sich hin. Und das, wo ohnehin nur sehr wenige Menschen von sich behaupten, sie könnten sich Namen gut merken. Lieber gleich eine Eselsbrücke mitliefern, die unser Gegenüber zwingt, sich irgendetwas bildhaft vorzustellen. Bei manchen Namen bietet sich ein bildhafter Vergleich an. »Carolin Adler, nach meinen Adleraugen benannt.« »Tobias Trautmann, wie der Mutige.« Oder »Mein Name ist Susanne Berg, Berg wie die Zugspitze!«, bleibt sicherlich leichter im Gedächtnis haften, als nur der Name allein. Und unbedingt zuerst den Vornamen nennen, dann weiß der andere gleich: Achtung, gleich folgt der Nachname – und die Konzentration steigt!

Meine Freundin Susanne Spitz ist eine großartige Maßschneiderin in Erlangen. Eine Kreativagentur hat aus ihrem Namen gleich das Logo gebastelt: eine spitze Nähnadel ersetzt das »i« im Nachnamen. Der Bezug kann auch ein wenig abstrakter sein. Eine frühere Schulfreundin nannte sich »Sabine Wünsche, wie der Weihnachtsmann.«

Umgekehrt merke ich mir die Namen derer, die ich kennenlerne, viel leichter, wenn ich sie mit Bekanntem verknüpfen kann, oder ich konstruiere mir selbst eine Merkhilfe. Vielleicht erinnert mich das Lachen an eine frühere Mitschülerin, die Frisur an einen Sportler, der Dialekt an einen Schauspieler. Außerdem spreche ich die Person möglichst oft mit ihrem Namen an, dadurch präge ich ihn mir ebenfalls besser ein.

In einem Seminar mache ich mir zu jedem Namen ein paar kurze Notizen und male diese in der Reihenfolge der Sitzordnung auf ein Papier. Dann weiß ich auch Tage später noch: Das war die Dame, die am Fenster saß, gleich rechts neben dem Herrn aus Bonn, der so wenig gesprochen hatte.

Visitenkarten sind nie out

Wollen wir nach erstem Gespräch mit jemandem den Kontakt halten, werden klassischerweise Visitenkarten ausgetauscht. Unnötig, zu erwähnen, dass es eine gute Idee ist, immer ein paar in der Tasche zu haben. Diese brauchen wir nicht nur zum Netzwerken. Ich habe auch schon einmal eine Visitenkarte mit meiner Handynummer in meine Windschutzscheibe gelegt, als ich an einem Badesee eine sehr enge Parklücke belegte und nicht sicher war, ob der Fahrzeuglenker hinter mir so gut ausparken konnte wie ich einparken. Sein Anruf ersparte uns beiden einen Kratzer oder das Herbeirufen eines Abschleppdienstes.

Auch wenn eine Visitenkarte oft nur als Merkhilfe genutzt wird und der weitere Kontakt dann online stattfindet, wirkt es einfach professioneller, Visitenkarten zu besitzen (und dabei zu haben). Unser Gesprächspartner kann nun auch auf sein fotografisches Gedächtnis zugreifen, wenn er sich an unseren Namen erinnern möchte, schließlich hat er ihn einmal geschrieben gesehen. Und wenn die Visitenkarte nicht irgendein seltsam originelles Format hat, kann er sie auch an dem Ort verstauen, wo er die anderen Karten aufbewahrt. Ich habe schon Karten nur deshalb weggeworfen, weil sie zu dick und zu groß waren für mein Visitenkartenbuch. Mittlerweile pflege ich das nicht mehr, weil mir für diese schöne, altmodische Einrichtung die Zeit fehlt. Aber ich werfe meine alten Bücher auch nicht weg!

Die Überzeugungstäterin geht nicht ohne Visitenkarten aus dem Haus.

Visitenkarten wollen bearbeitet werden!

Sehr häufig fällt mir auf, dass es viele Menschen gibt, die auf Veranstaltungen Visitenkarten einsammeln und dann nichts weiter damit machen. Ich frage meist, über welchen Weg die Person am liebsten den Kontakt halten würde, und mache sogleich einen eigenen Vorschlag, der mir praktisch erscheint: »Am liebsten über LinkedIn oder welcher Weg ist Ihnen am liebsten?« Auf diese Weise erfahre ich dann manchmal: »Ach, wissen Sie, ich habe dort zwar ein Profil. Aber ich nutze das Netzwerk überhaupt nicht und lese auch nie meine Nachrichten.« So bleibt mir erspart, dass ich mich wundere, warum ich auf freundliche Botschaften keine Antwort erhalte.

Innerhalb von 48 Stunden nehme ich also über den gewünschten Weg Kontakt auf und bedanke mich für das angenehme Gespräch auf der XY-Veranstaltung und überlege mir ein Thema, das vielleicht einen Anlass für eine mögliche, nächste Kontaktaufnahme liefert. Das kann auch ein völlig unwichtiges Randthema sein, über das wir gesprochen haben. »Sie hatten erwähnt, dass Sie in diesem Sommer nach Elba reisen werden. Ich habe hier einen Restauranttipp für Sie, falls Sie gern Fisch essen …« Derartige Hinweise notiere ich mir immer gleich auf der Rückseite der Visitenkarte, damit ich später wieder weiß, worüber ich mit der Person gesprochen habe. Ohne solch wertvollen, eigenen

Kommentare ist eine Visitenkarte in spätestens einem Jahr nichts mehr wert. Wie sollte man sich all diese Informationen ohne Porträtfoto und ohne weiteren Kontakt auch merken können?

Wer für so etwas keine Zeit hat, sollte sich unbedingt eine studentische Hilfskraft einstellen, die Kontakte in dieser Art nachbearbeitet. Lässt man längere Zeit verstreichen, war der ganze Abend für die Katz, und man hätte lieber gleich auf dem heimischen Sofa bleiben sollen. Denn nach mehreren Wochen erinnert sich (vermutlich) niemand mehr an uns. Eine späte Kontaktaufnahme wirkt desinteressiert und nachlässig.

Man kann natürlich über eine Businessnetzwerkplattform wie LinkedIn einfach so eine Kontaktanfrage stellen, ganz ohne persönliche Nachricht. Doch das ist wirklich eine verschenkte Chance! Eine kurze Bemerkung kostet nur wenige Sekunden mehr Zeit, sorgt aber dafür, dass der Vermerk auch in den nächsten Jahren noch nachgelesen werden kann. »Stimmt ja«, erinnere ich mich dann. »Das war der Weinhändler, neben dem ich vor mehreren Jahren einmal im Flugzeug saß.«

Nicht nur verbinden mit Menschen, die man kennt, sondern auch mit denen, die man kennen möchte

Ein Netzwerk wie LinkedIn macht es uns ganz leicht: Immer wieder erhalte ich Kontaktvorschläge vom System, das intelligent verknüpft, wen ich schon kenne und mit wem ich viele gemeinsame Bekannte oder Themen habe. Schon oft habe ich über diesen Weg Namen gelesen von Menschen, denen ich schon einmal vor langer Zeit begegnet bin. Oder von Menschen, die mir wegen ihrer Funktion oder wegen ihres Fachgebiets interessant erscheinen.

Habe ich neugierig auf ein Profil geklickt, kostet es mich nur wenige Sekunden mehr Zeit, der Person auch eine Kontaktanfrage mit einer

Nachricht zukommen zu lassen. Darin erwähne ich unsere Gemeinsamkeit: »Wie ich sehe, haben wir nicht nur 73 gemeinsame Kontakte. Wir beschäftigen uns auch beide mit dem Thema Kulturentwicklung in Unternehmen. Ich freue mich über weiteren Austausch.«

Schon häufig habe ich auf diese Weise wirklich interessante Leute kennengelernt und auch sogar konkrete Anfragen für ein Angebot erhalten.

Wer schreibt, der bleibt

So lautet ein uralter, lebensweiser Spruch. Und tatsächlich habe ich oft festgestellt: Das geschriebene Wort festigt und stärkt auf wunderbare Weise Beziehungen zwischen Menschen – ganz egal, über welches Medium. Ich will hier eine kleine Auswahl an alltäglichen Möglichkeiten aufzählen, die gar nicht viel Zeit kosten und eine große Wirkung haben können.

Eine kurze E-Mail zwischendurch

Wenn ich die Zeitung lese oder mich durch Onlinenachrichten klicke, tauchen immer wieder Namen von Unternehmen auf, mit denen ich in der Vergangenheit zu tun hatte. Es dauert höchstens eine Minute, nun schnell meinen E-Mail-Account zu öffnen und meinen entsprechenden Kontakt anzuschreiben: »Gratuliere zu Ihrer Erwähnung im *Handelsblatt*.« »Wie ich gerade in der aktuellen *Wirtschaftswoche* gelesen habe ... tolle Pressearbeit!« Über einen solch kleinen Hinweis freut sich derjenige sicher, und ich rufe mich in positiver Weise in Erinnerung.

Manchmal denke ich auch einfach nur zufällig an einen früheren Kunden und frage mich, was wohl aus einem bestimmten Projekt geworden ist. Diese Frage kann ich doch auch gleich schriftlich stellen. Sie zeigt, dass ich mich interessiere und den anderen nicht vergessen habe.

Wie wäre es mal wieder mit einer Grußkarte?

Besonders an meinem Geburtstag fällt mir auf, wie viele Menschen mir auf Facebook oder anderen Social-Media-Plattformen einen schnellen Gruß an mich tippen, und wie wenig Menschen sich noch die Mühe machen, eine Geburtstagskarte zu schicken. Diese hebe ich mir aber auf, besonders schöne oder witzige werden über meinen Schreibtisch gehängt, und ich freue mich jahrelang darüber.

Anlässe für Grußkarten gibt es mehr als genug: Geburtstag, Firmenjubiläum, Weihnachten, Jahreswechsel sind die Klassiker. Man kann aber auch einfach mal nur so einen netten Gruß verschicken, um sich für etwas zu bedanken, einen motivierenden Spruch weiterzugeben oder ein witziges Motiv zu teilen.

Eine Freundin von mir bereitet das ganz systematisch vor: Sie druckt einmal im Jahr Adressaufkleber zur Vorbereitung solcher Post aus. Für jeden ihrer Topkontakte bereitet sie drei Aufkleber vor. Diese hängen nun an der Pinnwand und immer, wenn sie eine witzige Postkarte sieht, schnappt sie sich einfach nur einen Aufkleber dazu, schreibt einen persönlichen Gruß und schickt die frohe Botschaft ab. Das macht ganz wenig Arbeit, und sie hat auch immer vor Augen, wen sie noch mit freundlicher Post bedenken will.

Wer Mitarbeiter führt, kann das auch intern so praktizieren. Auf diese Weise ist sichergestellt, dass wir unsere Gunst ganz gerecht verteilen und nicht einer fünf Karten bekommt, während andere leer ausgehen.

Wollen wir mal Kaffee trinken gehen?

Kontakte, die mir strategisch wichtig erscheinen oder die mir sehr sympathisch sind, vermerke ich mir mit einer besonderen Notiz, damit ich sie auch sicher schnell wiederfinden kann. Wenn ich dann eine Geschäftsreise plane, sehe ich kurz nach, wer in dieser Stadt seinen Firmensitz hat, und überlege, mit wem ich gern mal die Gespräche fortsetzen würde. Mit einer kurzen E-Mail frage ich an: »Ich habe am Freitag in Berlin zu tun, haben Sie vielleicht Zeit und Lust, dass wir uns auf einen Kaffee treffen?« Daraus entstanden schon Inspirationen für neue Seminare, neue Kundenbeziehungen und sogar Freundschaften.

Die Überzeugungstäterin schafft Gelegenheiten für Treffen.

Manchmal finde ich gar nicht die Zeit, solche Verabredungen vorzubereiten. Deshalb gibt es in meinem Arbeitslust-Letter eine feste »Cappuccino-Rubrik«, in der ich meine Reisen in den nächsten Wochen veröffentliche und frage, wer sich unterwegs mit mir treffen will. Erst neulich lud mich ein sehr interessantes Unternehmen in Köln zu einem Gespräch ein: »Wir haben da ein Thema, das wir gern mal mit Ihnen diskutieren würden. Wir hätten Sie deshalb jetzt nicht gleich einfliegen lassen wollen, aber wir haben gesehen, dass Sie nächste Woche ohnehin in Köln sind.« Und tatsächlich ergaben unsere Gespräche in diesem Fall einen neuen Auftrag für mich. Ein Kunde erzählte mir dieser Tage, dass er die Idee der Cappuccino-Einladung so klasse fand, dass er sie kopierte. Über eine Statusmeldung kündigte er auf LinkedIn eine geplante Reise an und traf sich prompt mit einem früheren Kollegen und einem Geschäftspartner.

Um solche Treffen überhaupt zu ermöglichen, plane ich meine Reisen immer mit Zeitpuffer für schöne Unternehmungen. So komme ich nie abgehetzt bei meinen Kunden an, sondern hatte vor einem Arbeitseinsatz immer Zeit für Gespräche, aber auch für mich selbst: für einen Joggingrunde am Morgen oder für eine ruhige Arbeitsstunde mit Blick auf den Rhein oder die Skyline von Frankfurt. Denn noch nicht einmal ich habe immer Lust zu quatschen! Manchmal will ich auch einfach nur mit mir selbst ein wenig netzwerken.

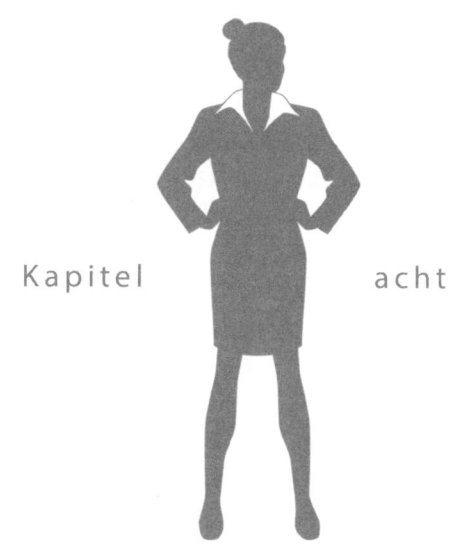

Kapitel acht

TYPGERECHT
KOMMUNIZIEREN

Wer den richtigen Ton trifft, ist im Vorteil

Wenn wir verhandeln, andere begeistern, überzeugen oder ihnen etwas verkaufen wollen, ist es wichtig, dass wir auf unser Gegenüber eingehen. Erst wenn wir den anderen wirklich verstehen, können auch wir mit unserer Botschaft verstanden werden und unser Verhandlungsziel erreichen.

Als ich mein Büro mit zwei Kolleginnen teilte und ihnen beim Telefonieren zuhörte, konnte ich nach einer gewissen Zeit recht genau sagen, wen sie am anderen Ende der Leitung hatten. Ich merkte ihrer Stimmlage und ihrem Verhalten sofort an, ob sie mit einem Mann oder mit einer Frau telefonierten und ob es sich um einen Kunden oder Vorgesetzten handelte. Bei bestimmten Personen hörte ich sogar einen leichten Dialekt, und man merkte der einen Kollegin plötzlich wieder an, dass sie in Berlin aufgewachsen war.

Wer die Sprache des Zuhörers spricht, wird leichter verstanden

Bewusst oder unbewusst – wir passen uns sprachlich unserem Gesprächspartner an. Unterhalten wir uns mit kleinen Kindern, verwenden wir ganz automatisch kürzere Sätze und einfachere Worte. Die Sprache wirkt insgesamt etwas emotionaler und bildhafter. Sprechen wir mit jemandem, der aussieht, als käme er aus einem anderen Land und spräche nicht so gut Deutsch, werden auch unsere Sätze plötzlich ganz abgehackt. Manchmal übertreiben wir es dabei so sehr, dass wir schlechter sprechen als der andere. »Du suchst Supermarkt?«, habe ich neulich gehört. Der Dunkelhäutige antwortete geduldig und in perfektem Deutsch: »Ich wollte eigentlich zum Wochenmarkt. Können Sie mir sagen, wie ich dort hinfinde?«

Besonders in der schriftlichen Kommunikation vergessen es viele, sich Gedanken zu machen, welche Sprachen der Empfänger beherrscht. Je tiefer jemand in seinem Fachgebiet steckt, umso größer ist die Gefahr, dass er in Insidersprache kommuniziert: mit unendlich vielen Fachbegriffen, Abkürzungen, ungewohnten Floskeln oder seltsamen Wortneuschöpfungen. So kommt es zustande, dass E-Mails von Juristen, Buchhaltern oder IT-Nerds oft nur von ihresgleichen verstanden werden können. Jede soziale Gruppe entwickelt eine eigene Sprache, ob es nun eine Fachabteilung ist, eine Gruppe Menschen gleichen Alters, eine Familie oder Vereinsmitglieder. Wenn wir zu viel Zeit mit unserer Insidergruppe verbringen und zu selten mit Menschen aus anderen Gruppen sprechen, verlieren wir irgendwann das Gefühl dafür, ab welchem Punkt uns andere nicht mehr verstehen können.

Sitzen sich Experten aus unterschiedlichen Abteilungen am Tisch gegenüber, gelingt es ihnen so viel leichter als über schriftliche Nachrichten, den anderen zu erreichen. Sie merken am Gesichtsausdruck und an der Reaktion ganz unmittelbar, ob ihre Botschaften den gewünschten Effekt erzielen oder nicht. Zudem ergibt sich so ganz leicht ein Dialog, bei dem der andere die Möglichkeit hat, Fragen zu stellen, oder er zeigt durch seine Antworten, was bei ihm angekommen ist.

Bevor die Überzeugungstäterin kommuniziert, versucht sie, möglichst viel über ihre Gesprächspartner zu wissen.

Vor einigen Jahren wurde ich von einer Bank eingeladen, diejenigen Mitarbeiter im Texten zu trainieren, die die Bilanzpressekonferenz vorbereiteten. Etwa zwei Stunden lang mühten wir uns ab, besprachen erste Textbeispiele und begannen mit Übungen. Dann erkannte ich, wo das eigentliche Problem lag: Die Texte waren nicht deshalb so schlecht, weil die Leute nicht schreiben konnten. Sie hatten nur noch nie in ihrem Leben einen Journalisten gesehen oder gesprochen. Sämtlicher Journalistenkontakt lief ausschließlich über den Pressesprecher. Sie erfuhren immer nur aus zweiter Hand, was eine Redaktion wünschte und wie dort Pressemitteilungen kommentiert wurden. So konnten die Mitarbeiter gar nicht ahnen, mit welchen Augen Journalisten ihre Texte lesen. In einem derartigen Blindflug eine Pressemitteilung zu verfassen erscheint mir ungefähr so schwierig, als wollte jemand einen Liebesbrief an jemanden schreiben, den er noch nie gesehen hatte. So etwas bekommt nur Cyrano de Bergerac zustande, die meisten Menschen nicht.

Etwa ein Jahr nach unserem Workshop waren die Textbeiträge deutlich besser. Natürlich leistete auch unser Texttraining dazu einen Beitrag. Doch so richtig Schwung kam in die Sache, als ich in meinem Seminarbericht an den Abteilungsleiter anregte, dass die Texter künftig an jeder Pressekonferenz teilnehmen sollten und auch die schriftlichen Journalistenanfragen in Kopie zu lesen bekamen. Nur durch diese Nähe konnten sie die Sicht einer Redaktion leichter verstehen und besser bedienen.

Es gibt viele Beispiele, die zeigen, wie mehr Nähe ganz unmittelbar die Arbeitsprozesse erleichtern und verbessern kann. In einem großen Produktionsunternehmen rätselten wir, wie es sein konnte, dass die IT-Abteilung in vielen Projekten Arbeiten ablieferte, die von den Fachabteilungen als unbrauchbar empfunden wurden. Auf der anderen Seite waren sich die Kollegen in der IT-Abteilung vollkommen einig, dass die Nutzer in diesem Unternehmen unterirdisch dumm wären. Sie seien nicht in der Lage, Anforderungen klar zu formulieren und wären dann zu doof, Lösungen richtig anzuwenden. Es schien einen großen Graben zu geben zwischen »den ITlern« und allen anderen. So etwas aufzulösen gelingt natürlich nicht von heute auf morgen. Unsere Lösung: Wir sorgten für mehr Kontakt zwischen Techies und Fachabteilungen, indem beispielsweise in jedem zweiten Teammeeting ein Kollege aus der IT als Gast anwesend war. Wann immer es die Art der Tätigkeit ermöglichte, verlagerten wir den Arbeitsplatz einzelner Techniker tageweise mitten hinein ins Geschehen. So saß dann ein Entwickler plötzlich eine Woche lang an einem Schreibtisch in der Marketingabteilung. Man holte sich Kaffee in derselben Küche, kam öfter ins Gespräch und bekam mehr von den alltäglichen Sorgen des anderen mit. Gleichzeitig konnte man sich nicht mehr den ganzen Tag mit seinesgleichen zusammenrotten und hinter verschlossener Tür über »die anderen« herumschimpfen. Man musste sich viel öfter direkt auseinandersetzen. In kleineren Unternehmen geschieht eine solche Durchmischung ganz automatisch. Je größer eine Organisation wird, umso wichtiger wird es, darauf zu achten, dass einzelne Bereiche keine Inseln bilden, die den Kontakt zu andern völlig abbrechen.

Nur so kann ich über meinen eigenen Bereich hinausgehend wertvolle Netzwerkkontakte im Unternehmen aufbauen und pflegen. Ich erfahre, was in anderen Abteilungen gerade los ist und kann mit diesem Wissen dann auch meine eigenen Anliegen viel gezielter verfolgen.

Regelmäßig mit Fachfremden und Ranghöheren austauschen

Auch ohne dass das Unternehmen so tolle Ideen zur Durchmischung von Fachbereichen umsetzt, hat jeder Einzelne die Möglichkeit, ganz bewusst den Kontakt zu anderen zu suchen. Nur so verlernen wir die Sprache der anderen nicht und können uns in deren Lage versetzen, wenn wir ein gemeinsames Problem lösen wollen.

Das beginnt schon bei Kleinigkeiten: Warum sollten wir unseren Kaffee immer nur aus der Maschine in der Küche gegenüber holen? Schauen Sie doch mal ein Stockwerk tiefer vorbei und trinken Ihren Kaffee dort im Stehen. (Vorausgesetzt natürlich, Sie trinken den Kaffee nicht auf eine fremde Kostenstelle, das kann schlechte Laune verbreiten.) Ganz sicher ergeben sich kleine Gespräche oder Sie können die Kollegen hier beobachten, ihnen zuhören und dabei mitbekommen, worüber sie sich gerade aufregen, welche Themen ihnen gerade wichtig erscheinen und wie die Stimmung hier in der Abteilung ist.

Wer immer nur mit der besten Freundin Mittagessen geht, verpasst auch in der Kantine die Chance auf interessante Gespräche. Ziehen Sie doch einfach mal ganz allein los und setzen Sie sich irgendwo dazu. Ich würde nur ein wenig darauf achten, wie viel Essen noch auf den Tellern der anderen liegt. Es fühlt sich nämlich nicht so angenehm an, wenn man sich zu einer Gruppe setzt und drei Sekunden später alle aufstehen und einen verlassen. Und nur Mut: Wenn am Tisch eines Vorstands ein Platz frei ist und er nicht gerade in ein intensives Gespräch vertieft zu sein scheint, wäre das doch die ideale Gelegenheit, sich nach oben zu vernetzen. Meiner Erfahrung nach sind Vorstände viel unsicherer als Mitarbeiter, sich einfach irgendwo dazu zu setzen. Sie wollen ja niemandem auf die Nerven gehen und die Mittagspause stören. Ich habe schon oft gehört, dass sie sich regelrecht freuen, wenn Mitarbeiter auf sie zugehen.

Wer im Homeoffice arbeitet oder freiberuflich tätig ist, muss erst recht aufpassen, sich nicht allzu sehr von anderen zu isolieren. Essensverabredungen kann ich auch aus dieser Situation heraus treffen. Ich muss mich in der Regel nur weiter wegbewegen, um andere zu treffen. Ich persönlich kann mich in fremder Umgebung mit leisen Hintergrundgeräuschen besonders gut konzentrieren. Manchmal verbinde ich Arbeit mit Sport und Netzwerken, indem ich mit dem Fahrrad in ein schönes Café radle, dort arbeite und mir für später jemanden zum Mittagessen einbestelle. Dabei achte ich besonders darauf, mich möglichst oft mit potenziellen Kunden oder Geschäftspartnern auszutauschen, da ich dann erfahre, womit sie sich gerade beschäftigen. So manche Idee für ein neues Seminarangebot entstand in einem solchen Gespräch. Würde ich ausschließlich mit Kolleginnen und Kollegen zusammenglucken, hätte ich diesen Effekt nicht.

Doch nicht nur in den Essenspausen, auch während der Arbeit haben wir es in der Hand, wie viel wir uns mit anderen austauschen. Als Moderatorin eines Meetings steht es uns frei, auch hin und wieder Kollegen aus anderen Bereichen einzuladen, um deren Blickwinkel auf ein bestimmtes Thema einzuholen. Erarbeiten Sie gerade ein neues Konzept oder sind Sie in anderer Weise kreativ, können Sie überlegen, wen Sie hierzu nach Ideen fragen könnten oder wem Sie einen Zwischenstand zum Lesen zeigen, um sich Feedback zu holen. Sitze ich an einem neuen Seminarkonzept, telefoniere ich mindestens mit drei Leuten, die sich für dieses Thema als Teilnehmer interessieren könnten, und frage sie beispielsweise: »Was würden Sie über das Thema XYZ erfahren wollen? Was würde Ihnen in Ihrer Arbeit helfen? Welche Fähigkeiten bräuchten Sie noch mehr, um hier einen guten Job machen zu können?« Und so weiter. Auf manche Ideen käme ich selbst gar nicht!

Informationen auf Kongressen und Vorträgen einholen

Um nicht zum Fachidioten zu verkommen, schlüpfe ich hin und wieder in die Rolle meiner Kunden und betrachte die Branche mit ihren Augen. Welche Kongresse und Messen besuchen sie? Welche Vorträge hören sie sich an? Was lesen sie? Besuche ich meinen Kunden an seinem Messestand einer Fachmesse, lerne ich viel über »seine Welt«, in die ich dann viel tiefer eintauche, als wenn ich mich nur einlesen würde.

Die Überzeugungstäterin schlüpft gern in die Rolle ihrer Gesprächspartner und lernt viel über deren Blickwinkel.

Indem ich meinen wichtigen Zielgruppen auf Facebook und Twitter folge, bekomme ich sehr viel über aktuelle Termine mit. Spätestens, wenn ich in einer Woche zum zehnten Mal über den Titel einer Fachkonferenz stolpere, weiß ich, dass das eine wichtige Veranstaltung zu sein scheint. Gelegentlich besuche ich solche Events dann und sehe mich um unter dem Aspekt: Was treibt die Branche gerade um? Was ist ihr wichtigstes Problem? Welche neuen Lösungen und Trends gibt es, die interessant für sie sind? Dieses Wissen ermöglicht es mir, jederzeit ein Gespräch mit jemandem aus diesem Bereich zu führen, der merkt, dass ich mich für ihn und seine Sorgen interessiere. Er fühlt sich verstanden.

Und ganz nebenbei mache ich auf solchen Veranstaltungen wieder allerlei neue Kontakte.

Drücken Sie sich so aus, dass Sie jeder versteht

Seltsamerweise ist es viel schwieriger, einen komplexen Zusammenhang einfach darzustellen, als dabei im fachlichen Kauderwelsch zu bleiben. »Wenn du es nicht einfach erklären kannst, hast du es nicht gut genug verstanden!«, erkannte schon Albert Einstein.

Sehr gut erläutert Kommunikationsguru Friedemann Schulz von Thun in seinem Buch *Verständlich texten*, worauf es ankommt.

Die Überzeugungstäterin drückt sich klar, prägnant und verständlich aus.

In der IT spricht man scherzhaft vom »DAU«, also vom »dümmsten anzunehmenden User«, bei Texten wäre es der »DAL« oder »DAZ«, also der »dümmste anzunehmende Leser« oder der »dümmste anzunehmende Zuhörer«. Wobei wir unsere Leser und Zuhörer natürlich nicht für dumm halten. Sie haben nur auch noch andere Dinge im Kopf und sind vielleicht nicht ganz so konzentriert auf unser Anliegen, wie wir uns das manchmal wünschen.

Leser werden permanent unterbrochen oder schweifen mit ihren Gedanken ab. Zuhörer können nur über ihre Ohren und nur über eine Beamerpräsentation oder Notizen am Flipchart zusätzlich über die Augen etwas aufnehmen. (Wobei diese Visualisierungen oft so schlecht gemacht sind, dass sie mehr verwirren als unterstützen.) Außerdem können sie im Gegensatz zum Leser das Tempo ihrer Informationsaufnahme nicht bestimmen. Geht es ihnen zu schnell, verlieren wir ihre Aufmerksamkeit. Sind wir ihnen zu langsam, schlafen sie uns ein oder beschäftigen sich zusätzlich mit etwas anderem, weil sie sich unterfordert fühlen. Will ich andere überzeugen, muss ich mir also auch überlegen, mit welchen Medien und Mitteln ich jemanden am besten erreiche.

Einfach formulieren

Vermeiden Sie zu viele Fachausdrücke, Fremdwörter und Abkürzungen. Ich stelle mir beim Schreiben manchmal vor, ich würde meiner schlauen 13-jährigen Tochter etwas erklären wollen. Da würde ich auch nicht in fachliches Kauderwelsch abdriften, sondern lieber eine klare Sprache wählen. Auch hilfreich: Ich spreche meinen Text erst einmal in mein Handy, tippe den Text ab und korrigiere anschließend. So bin ich klarer und mache ganz von selbst aus einem »Problem« keine »Problematik« oder aus einer »Antwort« keine »Rückantwort«.

Auf den Punkt formulieren

Wählen Sie kurze Sätze und Formulierungen. Wenn wir nur einen Gedanken in jeden Satz packen, vermeiden wir automatisch Schachtelsätze und Einschübe. Zu kurz ist aber auch nichts. Wenn wir wichtige Satzteile weglassen, versteht uns auch wieder keiner.

Als ich einmal jemandem einen interessanten Link schickte, bekam ich zur Antwort nur ein knappes: »Total überlastet!« »Der Arme«, dachte ich und schrieb tröstende Worte zurück. Doch er meinte gar nicht sich, sondern den Server.

Bilder helfen zum Verständnis

Bei schriftlichen Informationen haben wir uns längst daran gewöhnt: Bilder lockern nicht nur lange Bleiwüsten auf. Sie sprechen den Leser auch emotional an und sorgen dafür, dass er sich Inhalte leichter merken kann. In der mündlichen Sprache helfen erzählte Vergleiche. So sorge ich auch dafür, dass mein Zuhörer gar nicht anders kann, als sich meine Beschreibung bildlich vorzustellen.

Der Politiker Franz-Josef Strauß illustrierte in den 1970er Jahren in einer legendären Rede im Deutschen Bundestag die Höhe der Staatsverschuldung, indem er bildlich Hundertmarkscheine zu Türmen aufschichtete, die höher waren, als jedes Flugzeug fliegen könne.

Die Überzeugungstäterin liefert ihren Zuhörern einprägsame Bilder und passende Beispiele zu ihren Sachaussagen.

Immer mit dem Wichtigsten zuerst beginnen

Manchen Erklärungen komplexer Sachverhalte können wir schon deshalb nicht gut folgen, weil wir die nötigen Informationen wild durcheinander erhalten. Eine geniale Struktur ist es immer, wenn ich mich frage, was mein Leser oder Zuhörer wissen will. Die Reihenfolge seiner möglichen Fragen ist die perfekte Reihenfolge für meine Informationen.

Erkläre ich eine Abkürzung oder ein Fantasiewort, muss ich diesen Begriff zuerst auflösen: Wofür steht beispielsweise DNA? Wenn ich zuerst erkläre und erst dann die Buchstaben auflöse, können mir manche gar nicht erst folgen. Manche Zuhörer blockiert es geradezu, ein fremdes Wort oder Kürzel nicht zu kennen, und brauchen erst die Auflösung, bevor sie wieder aufnahmebereit sind.

Die Überzeugungstäterin schweift nicht ab. Sie erzählt immer das Wichtigste zuerst.

Prägnant sein

Wählen Sie Begriffe, die exakt passen. Lassen Sie unnötige Füllwörter weg: quasi, eigentlich, dementsprechend.

»Wenn Sie ein Adjektiv sehen: Bringen Sie es um!«, schrieb Mark Twain in einem Brief.

Achten Sie bei Adjektiven darauf, dass sie wirklich genau das umschreiben, was Sie sagen wollen, und verwenden Sie sie sparsam. Die meisten Adjektive sind redundant oder sogar irreführend. Da wird doppelt gemoppelt (neue Innovationen), werden nichtssagende Floskeln verwendet (interessant, toll, schön), mit hässlichen Anglizismen um sich geworfen (das gepitchte Projekt, die reviewten Zahlen) oder sinnlos gesteigert (weißer, optimalst).

Positiv formulieren

»Der Weg zu unserer Filiale ist nicht kompliziert.« Das klingt nicht so schön wie: »Der Weg zu uns ist ganz einfach«. »Zögern Sie nicht, uns zu kontaktieren«, wirkt auf mich weniger einladend als: »Rufen Sie mich gern an«.

Bei einer negativen Aussage, die verneint wurde, muss man einen Satz manchmal mehrmals lesen, um ihn zu verstehen. Warum nicht einfach ganz schlicht geradeaus formulieren?

Rhetorische Fragen erleichtern das Verständnis

Eine Präsentation oder ein Vortrag gleichen einem langen Monolog. Es ist eine hohe Kunst, die Zuhörer hier wach und aufmerksam zu halten. Mit rhetorischen Fragen kann das gelingen. Argumentieren wir beispielsweise die Notwendigkeit, ein weiteres Nebengebäude auf dem Firmengelände zu planen, könnten uns diese Fragen durch unsere Präsentation leiten:

Welche Vorteile bringt dieser Neubau?

Welche Kosten sind damit verbunden?

Wie aufwändig ist die Bauphase, und wer ist konkret davon betroffen?

Wie gestalten wir unsere Produktionsabläufe während der Bauzeit?

Lassen wir die Fragen weg und beschränken uns auf unsere Antworten in Form von aneinandergereihten Aussagen, ist es viel schwieriger, uns gedanklich zu folgen.

Dadurch, dass wir die Fragen unserer Zuhörer selbst aussprechen, zeigen wir, dass wir uns in ihre Lage versetzen und uns ihren Kopf zerbrechen.

Den anderen zu imitieren schafft Sympathie

Will ich in einem Gespräch etwas erreichen, helfen mir Sympathiepunkte weiter. Sicherlich kennen Sie das Gefühl, jemandem zuzuhören und dabei den Eindruck zu haben: »Der spricht meine Sprache«. Hier fühlen wir uns verstanden und hören gern weiter zu. Kennen wir unseren Gesprächspartner gut, kennen wir auch seine Lieblingsworte und seine sprachlichen Eigenarten.

Während meiner Studienzeit in Frankreich fiel es mir als Ausländerin ganz besonders auf, welche Art des Sprechens meine verschiedenen Professoren pflegten. Ich lernte ja durch sie nicht nur allerlei Interessantes über volkswirtschaftliche Theorien oder statistische Formeln, mir waren auch sämtliche Fachbegriffe fremd, und ich war fasziniert zu lauschen, wie es sich anhörte, wenn jemand eine Stunde lang auf Französisch referierte. Ich lernte elegante Satzüberleitungen kennen und Floskeln, die einen Moment des Nachdenkens überbrücken sollten. Zur Übung plapperte ich beim Lernen zu Hause den Wortlaut meiner Professoren nach, als würden sie gerade zu mir sprechen.

Als ich im Fach Wirtschaftsgeschichte zu einer mündlichen Prüfung antrat, erwischte ich dummerweise eine sehr spezielle Frage, bei der ich völlig blank war. Ich hatte nämlich nicht den gesamten Stoff auswendig gelernt, wie meine Kommilitonen. Wie ich es aus Deutschland gewohnt war, fasste ich bei meiner Vorbereitung den Stoff des Semesters immer enger zusammen. Ich hätte also wunderbar Zusammenhänge über Jahrhunderte herleiten können. Doch die Spezialfrage, wie es um die Metallverarbeitung in England in einem konkreten Zehn-Jahres-Zeitraum während der Industrialisierung stand, konnte ich nicht beantworten. Als ich die Frage gelesen hatte, überlegte ich kurz, mich aus dem Staub zu machen und 0 Punkte zu kassieren. Andererseits hatte ich ja nun nichts mehr zu verlieren! Vielleicht könnte ich ja einen Trostpunkt bekommen, wenn ich mich ein paarmal intelligent räusperte.

Ich beschloss, an der Frage vorbei zu antworten und imitierte dabei perfekt die Art des Sprechens, über die wir uns bei unserem Professor immer so wunderbar amüsierten: Er sprach langsam und gedehnt in einem melodischen Sing-Sang-Ton, pflegte eine gewählte Ausdrucksweise und holte gern weit aus. Das tat ich nun auch, wiederholte seine Frage und spuckte all mein Wissen aus, das ich zur industriellen Revolution hatte. Dabei achtete ich natürlich darauf, es nicht zu übertreiben, damit der andere sich nicht veräppelt fühlte. »Nun, zunächst muss man sich ja einmal fragen, wie kam es überhaupt zur industriellen Revolution? Hierzu ist anzumerken, dass…«

Er gab mir in Schulnoten eine drei und fragte mich, ob mir schon klar sei, dass ich das Thema leicht verfehlt hätte. Ich bin sicher, dass er mich auch deshalb so milde bewertete, weil ich ihm wegen meiner Art des Sprechens sympathisch war. Weil ich meine Antwort mit fester Stimme, klarem Blick und erhobenen Hauptes vorgetragen hatte. Und vielleicht wollte er auch einem bayerischen Mädchen, das auf eigene Faust in der Fremde studierte, keine Steine in den Weg legen.

Das Nachahmen der Körpersprache schafft Nähe

Was verbal funktioniert, kann ich durch meine Körpersprache noch verstärken. Ahme ich meinen Verhandlungspartner nach wie ein Spiegel, sammle ich bei ihm ganz automatisch Sympathiepunkte. Dabei sollte ich jedoch so dezent bleiben, dass die Haltung immer noch zu mir passt. Und ich darf es nicht übertreiben: Niemand möchte sich gern nachgeäfft fühlen!

Sitzt mir ein Mann breitbeinig gegenüber, zieht geräuschvoll die Nase hoch und zupft sich im Gespräch alle möglichen Körperteile zurecht, werde ich das sicherlich nicht imitieren. Und wenn, dann nur um ihm vor Augen zu führen, wie unmöglich er sich gerade macht.

Verwende ich dieselben kleinen Gesten, wird der andere das als Einverständnis verstehen. Wenn ich vor einer Seminargruppe stehe, beobachte ich immer wieder schmunzelnd, wie meine Teilnehmer sich in ihren Bewegungen anpassen. Die Beine sind meist zur selben Seite übereinandergeschlagen. Wird in einer kleinen Gruppe etwas diskutiert, beugen sich meist alle ein wenig nach vorne oder sind alle entspannt an ihre Stuhllehne zurückgelehnt. Verschränkt jemand die Arme bequem vor der Brust, übernehmen meist einige andere kurz darauf auch diese Haltung. Hat jemand einen Tick, wie etwa das ständige Zurückstreichen der Haare hinter ein Ohr, gibt es auch hierfür bald Nachahmer. Das geschieht natürlich alles nicht bewusst.

Wir zeigen Solidarität und Zustimmung gern über Nachahmung. Ganz wunderbar lässt sich dieses Phänomen auch bei verliebten Paaren im Restaurant beobachten: Sie neigen den Kopf zur selben Seite, greifen im selben Moment zur Gabel, trinken gleichzeitig einen Schluck Wein. Es ist wirklich, als hätte jemand einen Spiegel in der Mitte aufgestellt. Hat sich ein Paar merklich auseinandergelebt, sieht das anders aus.

Im NLP, also dem Neuro-Linguistischen Programmieren, spricht man von »Pacing and Leading« Das bedeutet auf Deutsch so viel wie: *Mitgehen und führen.* Zunächst baut man mit dem Gesprächspartner eine Vertrauensebene auf, indem man sich mit der Körpersprache, der Mimik oder Stimme anpasst.

Bei genauem Zuhören merken wir, was unser Gegenüber braucht

Durch die Fragen, die mir jemand stellt, und die Anmerkungen, die er macht, kann ich ganz leicht heraushören, welchen Typ mit welchen Vorlieben ich vor mir habe, und weiß dann, was ich ihm liefern muss, um ihn zu überzeugen.

Die Überzeugungstäterin hat immer einen großen Koffer mit rhetorischen Feinheiten, Beispielen und Hilfsmitteln dabei, um für jeden Zuhörertyp die passenden Argumente parat zu haben.

Es gibt verschiedene Gesprächstypen, auf die wir in unterschiedlicher Weise eingehen sollten. Vermutlich ist jeder Mensch ein Mischtyp aus allen vier hier genannten. Doch bei genauem Zuhören erkennen wir Schwerpunkte.

Der Analytische: Er braucht und verwendet selbst gern Zahlen, Daten, Fakten. Er fragt nach, wie man auf eine Erkenntnis gekommen ist, und hätte außerdem bei jeder Aussage gern die Quelle gewusst. Er liest lieber, als dass er zuhört. Daher ist es wichtig, ihm in jedem Fall etwas Schriftliches zu übergeben. Am besten schon Tage vor einer Präsentation, damit er sich in Ruhe einlesen kann. Vermutlich erscheint er dann und hat auf dem Ausdruck bereits alle für ihn wichtigen Stellen mit Textmarker gekennzeichnet. Im Gespräch mit ihm sollten wir bei einem einzigen Thema bleiben und keine Seitenschlenker zu anderen interessanten Geschichten machen. Er bespricht eine Sache lieber in der Tiefe und ganz gründlich. Oberflächliche oder vage Aussagen sind nicht sein Ding. Fehler sind ihm ein Dorn im Auge, und es kann sein, dass er beim geringsten Rechtschreib- oder Rechenfehler kein Vertrauen mehr in meine Arbeit hat.

Wenn wir den Eindruck haben, jemand ist eher »analytisch« veranlagt:

- Nichts zwischen Tür und Angel besprechen, lieber einen Termin abstimmen.
- Konzentrieren Sie sich auf ein Thema, und bleiben Sie bei der Sache.
- Bereiten Sie sich genau vor. Seien Sie exakt und realistisch.

Der Macher: Er ist ungeduldig und will schon im ersten Satz die wichtigste Aussage finden. Er fragt nach dem Nutzen und verwendet dabei gern Formulierungen wie die, dass er wissen will, was »unterm Strich« und »am Ende des Tages« dabei herauskommt. »Where's the beef?« Management Summaries wurden besonders für ihn erfunden. Er ist der Meinung, dass ein Anliegen, das nicht auf einer DIN-A4-Seite Platz hat, kein Anliegen mehr ist, sondern Körperverletzung. Er liest keine Zeitung, sondern stets nur das Wichtigste in Schlagzeilen. Deshalb braucht er auch plakative Visualisierungen, um eine Kernaussage schon optisch ganz schnell erfassen zu können. Lange und ausführliche Herleitungen oder Hintergrundinformationen interessieren ihn nicht. Ihn kann man sehr direkt klar ansprechen und etwa zu einer Entscheidung auffordern. Gern ganz ohne Schnörkel und Tamtam.

Wollen wir Menschen überzeugen, die viel vom »Macher« haben, sollten wir das beachten:

- Fassen Sie sich kurz und schweifen Sie nicht ab.
- Beginnen Sie mit der wichtigsten Aussage und arbeiten Sie sofort den Nutzen für Ihr Gegenüber heraus.
- Halten Sie sich an Zeitvorgaben und zeigen Sie, dass Sie gut organisiert sind.
- Notieren Sie Beschlüsse und nächste Schritte.

Der Innovative: Für ihn muss eine Präsentation Spaß machen und darf voller Überraschungen stecken. Bloß keine Langeweile aufkommen lassen! Wir erkennen ihn sofort daran, dass er selbst gern von Thema zu Thema hüpft, dabei nicht gern stundenlang in die Tiefe geht, sondern lieber nur die Highlights streift. Er ist ein großer Fan von Storytelling und mag Geschichten und Beispiele viel lieber als eine kürzere Aneinanderreihung von Fakten. Er denkt in Bildern oder sogar in Filmsequenzen und muss sich eine Sache vorstellen können, damit sie ihn begeistert. Ihm bereitet man große Freude, wenn man Anschauungsmaterial zum Anfassen mitbringt. Vielleicht einen kurzen Film zeigt? Auf keinen Fall sollten wir ihn mit langen Texten ohne Bilder langweilen, die das Ganze auflockern. Ach ja, und bevor man sich mit ihm unterhält, sollte man darauf achten, dass der Rahmen stimmt: Stehen Getränke auf dem Tisch? Ist der Raum angenehm? Auch das ist ihm nämlich wichtig.

Haben wir ein Gegenüber mit Charakterzügen eines »Innovativen«, hilft uns dieses Verhalten:

- Achten Sie auf ein warmes und freundliches Umfeld.
- Stellen Sie Fragen und lassen sie ihn erzählen – auch Gefühlsbetontes.
- Überfordern Sie ihn nicht mit allzu vielen Fakten.
- Liefern Sie Bilder und Beispiele statt nur Zahlen, Daten, Fakten.

Der Stetige: Ein eher stilles, tiefes Wasser. Ein Mensch, der lange andere beobachtet und gut zuhört, bevor er dann ganz am Ende sehr kluge Fragen stellt, auf die wohl sonst keiner gekommen wäre. Wir dürfen uns nicht verunsichern lassen, wenn er uns mit gleichförmigem Pokerface und versteinerter Mimik zuhört. Es könnte sich um Begeisterung handeln, denn er zeigt sie nicht laut. Er will viel über Menschen und Hintergründe wissen, interessiert sich für langfristige Auswirkungen einer Idee. Folienanimationen mit Soundeffekten und andere dramaturgische Spielchen schrecken ihn ab. Ohnehin ist ihm ein Vier-Augen-Gespräch viel lieber als Großveranstaltungen. Er möchte nicht gedrängelt werden, braucht Zeit zum Nachdenken. Nach einem abschließenden:»Gibt es noch Fragen?«, sollten wir ihm wenigstens eine Minute Schweigezeit gönnen, bevor wir uns wieder setzen. Er mag Bewährtes und Erprobtes und experimentiert nicht gern herum. Er lässt sich nicht schnell überzeugen, da er erst einmal Vertrauen aufbauen muss.

Haben wir ein Gegenüber mit Zügen des »Stetigen«, sollten wir an diese Punkte denken:

- Beginnen Sie ein Gespräch stets mit der persönlichen Ebene, nie mit dem Sachthema.
- Stellen Sie »Wie«-Fragen und holen Sie die Meinung des anderen ein.
- Zeigen Sie Ihre eigene, tiefe Überzeugung für das Thema.
- Betonen Sie stets, was bleibt, und nicht nur, was sich ändert.
- Nehmen Sie Bedenken und Fragen ernst und beantworten Sie sie mit Ruhe.

Habe ich einmal verstanden, wen ich als Gesprächspartner vor mir habe, steigen meine Chancen sehr, in einem Meeting Gehör zu finden oder in Verhandlungen zu bekommen, was ich will.

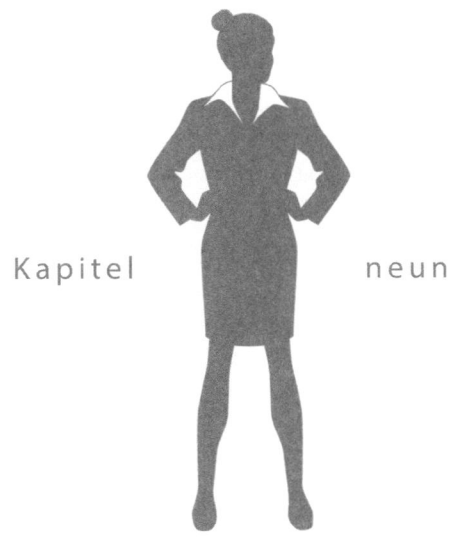

Kapitel neun

IN MEETINGS
GEHÖR FINDEN

In Verhandlungen sprechen wir zu viel – in Meetings zu wenig!

Während wir eine latente Neigung haben, in Verhandlungen unsere Argumente in Endlosschleife immer wieder zu benennen und mit »Ja, aber...«-Sätzen unsere Position klarzumachen, scheinen wir die Anzahl der zu viel gesprochenen Worte in Meetings wieder kompensieren zu wollen. Das könnte daran liegen, dass uns so manche Spielchen in überwiegend männlich dominierten Runden albern und wenig zielführend erscheinen. Wir ziehen uns kopfschüttelnd zurück, machen nicht mit beim einführenden Schneller-höher-weiter-Gockelkampf, haben keine Lust, zum wiederholten Mal etwas nachzuplappern, was längst gesagt wurde (nur vielleicht noch nicht von jedem).

Die Folge: Wir halten uns zurück, werden nicht gesehen, nicht gehört. Andere schmücken sich mit unseren Federn, und wir gehen bei der Verteilung spannender Aufgaben leer aus. Damit uns das künftig nicht mehr passiert, ist es wichtig, Spielchen und Mechanismen zu durchschauen und außerdem eine Strategie im Umgang mit ihnen zu entwickeln.

Die Überzeugungstäterin positioniert sich – noch vor Beginn eines Meetings.

Die Viertelstunde vor Beginn ist wichtig

»Wie war dein Wochenende?« – »Hast du dieses grandiose Spiel vom BVB gesehen?« – »Wie viele Kilometer bist du gestern wieder geradelt?« Irrtümlicherweise kommen Frauen bei solchen einleitenden Sätzen auf den Gedanken, hier würde unwichtiger Smalltalk geführt. Manche beschließen, gleich erst später zu kommen, weil sie ja gar nichts verpassen. Von wegen!

In diesen Minuten der Begegnung wird die Rangfolge im Rudel (noch einmal) klar gemacht: Wer ist das Alphatier? Wer kommt gleich danach? Welcher »Ober« sticht hier welchen »Unter«? Da werden Empfindlichkeiten durch kleine Sticheleien abgeprüft. Es wird um private Sporterfolge gewetteifert (um eigene oder um die der Lieblingsmannschaft). Und ein heimlich installiertes Schallmessgerät scheint zu erheben, nach wessen Witzen am lautesten gelacht wird.

Mit all diesem Geplänkel solidarisiert man sich und läuft sich warm, wie eine Sportmannschaft vor dem Wettkampf. Wer später hinzu kommt oder stumm danebensteht, ist und bleibt draußen und gehört nicht dazu. Die Spieleraufstellung wurde schon geklärt. Jetzt sind nur noch Tribünenplätze zu haben.

Bleiben Sie in Ihrer Haut, spielen Sie keine fremde Rolle

Ich bin **nicht** der Meinung, dass Frauen sich der Männerwelt in der Form anpassen sollten, dass sie die Fußballergebnis des Wochenendes auswendig lernen müssen, um mitreden zu können, selbst wenn sie diesen Sport doof finden. Aber man muss auch nicht permanent raushängen lassen, dass man von Kickern nichts hält.

Man kann sich doch einfach freundlich dazustellen und als Außenstehende anmerken, dass man die Diskussion gerade ganz spannend findet. Also: Erklären Sie niemandem die Abseitsfalle, wenn Sie sie selbst erst gestern verstanden haben. Stellen Sie Fragen, kommentieren Sie, wenn es passt.

Verblüffen Sie mit überraschenden Interessen

Haben Sie ein »typisch männliches« Hobby, können Sie das ruhig mal ganz nebenbei elegant fallenlassen. Eine junge Frau erzählte mir einmal, sie hatte als einzige Frau und Jüngste in der Abteilungsleiterrunde – blond, schlank, gutaussehend – stets das Gefühl, nicht ernst genommen zu werden. Als sie ihrem Chef einmal in der Kaffeeküche auf Nachfrage erzählte, dass sie im Urlaub Fahrrad gefahren sei, wollte dieser, der selbst gern Rennrad fuhr, es genauer wissen. Über 1000 Kilometer in zwei Wochen quer durch Frankreich, das imponierte ihm gewaltig! Offenbar änderte sich der Kontakt im Anschluss an dieses Gespräch spürbar.

Spielen Sie Handball oder Basketball? Gehen Sie jeden Donnerstag ins Boxtraining? Fahren Sie Motorrad? Interessieren Sie sich besonders für Autos, Whiskey oder Zigarren? Wenn Sie eine solche Information beiläufig fallenlassen, fällt es Ihrer Umgebung schwer, Sie gedanklich in eine Klischeeschublade zu stecken. Überraschungen machen interessant und wecken die Neugierde. Ich stelle regelmäßig fest, dass man mir offenbar weder mein Motorrad noch meine Leidenschaft fürs Stricken zutraut – und die Kombination schon gar nicht. Nun habe ich mir das nicht ausgedacht, um andere zu beeindrucken. Aber wenn es eben zu mir gehört, kann ich mit diesem Überraschungsjoker auch spielen.

Begrüßen Sie andere ganz aktiv

Wer einen Raum stumm betritt und den Blick auf den Teppichboden fixiert, wird selbst nicht gesehen. Gehen Sie gleich zu Beginn auf die anderen zu, begrüßen Sie Ihre Kollegen so, wie es in Ihrem Haus üblich ist, mit freundlichem Handschlag oder zumindest mit offenem Blickkontakt und Namensnennung. »Guten Morgen, Michael! Wie war der Kundentermin gestern?« Sie zeigen damit Wertschätzung und Interesse. Und niemand wird am nächsten Tag rätseln, ob Sie eigentlich auch anwesend waren.

Ist es Ihnen schon einmal aufgefallen? Besonders starke Persönlichkeiten bewegen sich durch einen Raum immer ein wenig so, als wäre es ihr Zuhause, egal wo sie gerade sind.

Die Überzeugungstäterin geht auf andere zu.

Suchen Sie sich den »richtigen Platz«

Wenn es keine festen Stammplätze gibt, ist es eine gute Idee, sich so zu platzieren, dass die wichtigste Person im Raum Sie im Blick hat. Das kann in unmittelbarer Nähe, also neben dem Entscheider sein, oder auch gegenüber. Von dieser Position aus fällt es am leichtesten, Blickkontakt aufzubauen, Einverständnis oder Begeisterung zu signalisieren oder zu zeigen, dass sie etwas sagen möchten. Vermeiden Sie den stillen Beobachterposten am Rand, auch wenn Sie sich dort sicher und geborgen fühlen mögen. Die Gefahr ist zu groß, dass Sie übersehen werden.

Definieren Sie als Moderator Spielregeln vorab

Sind Sie der Moderator oder tragen Sie einen Tagesordnungspunkt vor, können Sie Spielregeln definieren, bevor Sie loslegen: »Wir haben heute X Minuten für das Thema Y eingeplant und ich kann Ihnen versprechen, dass wir pünktlich fertig werden, wenn wir uns konzentrieren. Sind Sie damit einverstanden, dass wir uns darauf einigen, Handys und andere Störungen auszuschalten?«

Eine solche Vereinbarung gleich zu Beginn ist viel eleganter, als einfach anzufangen und dann jemanden, der an seinem Laptop spielt, unaufmerksam ist und andere mit ablenkt, anzusprechen.

Bringen Sie sich mit Ihren Themen ein

Schon bei der Gestaltung der Agenda ist es wichtig, darüber nachzu-denken, mit welchem Thema Sie sich einbringen wollen. Schlagen Sie diesen Punkt für die Tagesordnung vor und reservieren Sie ein paar Minuten Zeit für sich. Berichten Sie über positive Ergebnisse, geben Sie einen Zwischenstand über Ihr Projekt, beziehen Sie andere in neue Pläne ein. Niemand kann ahnen, woran Sie gerade arbeiten. Wenn Sie nichts darüber erzählen, geht man im schlimmsten Fall davon aus, Sie hätten nichts zu tun.

Bei völlig neuen Ideen und bei Projekten, die Geld kosten oder an-deren Arbeit machen, ist es wichtig, vor dem Meeting Unterstützer zu identifizieren. Gewinnen Sie Kollegen und Vorgesetzte schon vorher in Einzelgesprächen dafür, sich Ihrem Thema gedanklich anzuschließen, damit die Ihnen nicht unverhofft in den Rücken fallen.

Erhöhen Sie Ihren Redeanteil

Wir alle kennen Menschen, die sich ihren Redeanteil durch Nachplap-pern sichern. Das ist natürlich albern und nichts für uns. Viel eleganter ist es, immer wieder interessierte Fragen zu stellen. Auch damit zeigen wir, dass wir präsent sind und etwas zu sagen haben. Mit Fragen kön-nen wir die Diskussion inhaltlich lenken und bestimmten Personen, die wir unterstützen wollen, wieder den Ball zuspielen. Verständnisfra-gen sind natürlich jederzeit möglich. Noch schlauer klingt es, wenn wir einfach noch mehr wissen wollen:

Fragen Sie nach Hintergründen! Wie ist eine Lösung entstanden? Was hat der oder der dazu gesagt? Welche anderen Unternehmen ar-beiten ähnlich? Welche Erfahrungen haben diese gemacht?

Spinnen Sie das Gesagte weiter. Denken Sie um die Ecke und in die Zukunft:»Heißt das, wir könnten das in ähnlicher Form auch hier und dort einsetzen?«, oder»Wie gut, dass wir dieses neue Konzept jetzt schon kennen. Dann können das die Programmierer für den Relaunch unserer Website direkt berücksichtigen.«

Bestätigen Sie andere Redner, indem Sie deren Thesen durch Ihre Informationen anreichern: »Ich habe erst kürzlich gelesen, dass Unternehmen in Norwegen mit dieser Methode sehr gute Erfahrungen gemacht haben.« Das setzt natürlich voraus, dass Sie schlaue Beiträge dieser Art im Hinterkopf haben.

Sagen Sie nicht nur: »Gefällt mir gut!«, sondern erwähnen Sie auch, was Ihnen an einem Vorschlag besonders gut gefällt oder warum Sie ihn für sinnvoll halten.

Oft kennen wir die Agendapunkte der anderen vorab. Wenn Sie sich sinnvoll vorbereiten wollen, überlegen Sie sich schon im Vorfeld, welche Fragen Sie zum Thema stellen könnten. So sichern Sie sich einen Redeanteil und bewirken, dass Sie wahrgenommen werden, selbst wenn heute kein Punkt von Ihnen auf der Tagesordnung steht.

Lassen Sie sich nicht ins Wort fallen

Wenn Sie unterbrochen werden, kann das natürlich respektloses Verhalten und Ausdruck völliger Geringschätzung Ihrer Person oder Ihrer Inhalte sein. Das wird in den seltensten Fällen zutreffen. Sehr viel wahrscheinlicher ist es doch, dass jemand, der eher extrovertiert und laut ist, ganz engagiert seine Meinung äußert. Wahrscheinlich ist es diesen Menschen noch nicht einmal bewusst, dass sie uns gerade unterbrechen. Seien Sie also nicht beleidigt, aber wehren Sie sich ruhig.

»Willkommen in meinem Satz!«, habe ich meinen kleinen Töchtern als mögliche Antwort beigebracht. Sie äußern diesen manchmal auch in meine Richtung, wenn ich beim Abendessen gedankenverloren nicht bemerke, dass sie noch nicht fertig mit dem Erzählen waren.

Die Überzeugungstäterin kann laute Selbstdarsteller gekonnt einbremsen.

In einem Meeting sage ich schon mal: »Ich freue mich über Ihre Leidenschaft fürs Thema. Bitte merken Sie sich, was Sie gerade sagen wollten, und lassen Sie mich gerade zu Ende führen ...« Dann spreche ich einfach unbeirrt weiter. Ich habe mir die Redezeit zurückgeholt und war dabei weder laut noch patzig. Insbesondere bei Vorgesetzten oder Kunden wähle ich diese sehr höfliche Form der Ermahnung. Sonst reicht auch der letzte Teil des Satzes:»Lassen Sie mich gerade diesen Satz noch zu Ende führen …«

Oder ich bremse den anderen, indem ich sage:»Sofort. Ich habe Sorge, dass ich sonst vergesse, was ich sagen wollte.«

Manche lieben es, dazwischen zu quatschen und dabei wieder und wieder ihr eigenes Lieblingsthema zur Sprache zu bringen. Sie finden die merkwürdigsten Überleitungen, die alle hinführen zur Aussage »Wir brauchen ein anderes Betriebssystem.« Oder was auch immer im Fokus des Störers liegt.

»Das ist auch ein interessantes Thema. Ich schlage vor, das setzen wir im Anschluss auf die Agenda.«

Ist der andere aber schon ganz in seinem Element und hört gar nicht mehr auf zu reden, kann ich ihn mit einer Überraschung aus dem Konzept bringen. Ich sage ganz laut nur ein einziges Wort, völlig ohne Zusammenhang, zum Beispiel:»Rembrandt«. Nach einer winzigen Pause füge ich hinzu:»Auch ein toller Maler, hat aber auch gerade nichts mit dem Thema zu tun.«

Äußern Sie Ihre Ideen nicht zu schnell

Erstaunlich viele Frauen behaupten, ihnen sei das schon passiert: Man äußert in einer Gesprächsrunde einen Vorschlag oder liefert eine Idee – keine Reaktion. Wenige Minuten später plappert jemand anderes exakt unseren Gedanken nach – und erntet Applaus. Wie kann das sein?

Häufig wird interpretiert, es handle sich um ein abgekartetes Spiel unter Männern, die einer Frau nicht zu viel Raum geben wollen. Ich habe einen anderen Erklärungsansatz:

Frauen denken schnell und sind oft sehr pragmatisch. Sie erkennen ein Problem (das auch jeder andere im Raum kennt), sie wissen, welches Ziel das Unternehmen verfolgt. Nun haben sie hierzu eine gute

Idee und äußern sie. Etwa so: »Wie wäre es mit einem zusätzlichen Büro auf Mallorca für Mitarbeiter, die mobil arbeiten?«

Das ist aber zu schnell! Gedanklich sind unsere Kollegen noch beim letzten Thema, haben die Superlösung höchstens im Unterbewusstsein wahrgenommen. Einer, der gar nicht so bewusst zugehört hat, entwickelt dieselbe Idee (weil sein Unterbewusstsein ihm auf die Sprünge hilft) und kommuniziert nun, typisch männlich, indem er Problem und Ziel noch einmal vorab ausformuliert. Mit lauter Stimme setzt er an:

»Wir leiden unter dem allgemeinen Fachkräftemangel der Branche. Unser gemeinsames Ziel ist es doch, gute Mitarbeiter zu halten und weitere, fähige Köpfe in besonderer Weise anzusprechen. Hierzu müssen wir uns in unseren Jobangeboten deutlich vom Wettbewerb unterscheiden. Mein Vorschlag: Wir richten in einer beliebten Urlaubsregion ein Coworking-Space ein, wo unsere Mitarbeiter zu vergünstigten Konditionen Workation-Aufenthalte buchen können: Ehepartner und Kinder genießen die Freizeitangebote, der Mitarbeiter muss sich nicht so lange Urlaub nehmen, weil er einige Tage dort im Büro arbeitet.« Tosender Beifall.

Die Zustimmung zeigt, dass ihm zugehört wurde und alle verstanden haben, in welchem Kontext sein Vorschlag steht. Daher empfehle ich Ihnen dringend, auch wenn Sie selbst es für unnötig halten:

Wiederholen Sie das zentrale Problem.

1. Wiederholen Sie, welches Ziel Sie verfolgen, um das Problem zu lösen.
2. Verwenden Sie bewusst Vokabeln wie »wir wollen« und »gemeinsam«, oder »wichtig ist«, »Ziel« und »Lösung«.
3. Und stellen Sie dann erst Ihren Vorschlag in den Raum.
4. Notieren Sie Zwischenrufe in einem Themenspeicher

Sie sind gerade voll in Fahrt und wollen Ihr Thema vorstellen. Da werden Sie direkt von einem Zuhörer eingebremst, der kritische Fragen stellt oder gar Killerphrasen benutzt wie: »Das kann gar nicht funktionieren!«. Gehen Sie auf jeden Zwischenruf gleich ein, ist Ihre Dramaturgie dahin und Sie rudern nur noch hinterher, verteidigen sich, anstatt zu erzählen. Gleichzeitig kann man einen wichtigen Einwand ja auch nicht ignorieren. Ein Hinweis wie: »Ihre Fragen beantworte ich gern im Anschluss an meine Präsentation!«, genügt dem Kritiker vielleicht nicht, denn er hat Sorge, dass es dazu nicht mehr kommt. Also hört er Ihnen nur noch mit eingeschränkter Aufmerksamkeit zu, was wir ja auch nicht wollen.

Am besten ist es an dieser Stelle, solche Zwischenfragen zu notieren – deutlich sichtbar im Raum auf einem Flipchart oder Whiteboard. Und noch besser ist es, wir präsentieren nicht allein, sondern mindestens zu zweit. So kann einer weitersprechen, der andere vermerkt solche Punkte schriftlich, stets, indem er den Kritiker dafür lobt: »Danke, sehr guter Punkt« oder »Ein wichtiger Gedanke!«.

Nun haben auch Sie die Liste der Fragen und Einwände vor Augen und können sie strukturieren und sich in Ruhe passende Antworten überlegen.

Einmal hat mich ein Präsentator überrascht. Er begann mit seiner Rede und als die erste Zwischenfrage geäußert wurde, sagte er: »Das ist eine wichtige Frage! Danke.« Und fuhr weiter fort, indem er auf dem Flipchart eine Seite weiterblätterte und auf ein beschriebenes Blatt verwies: »Ich habe hier einige mögliche Fragen vorbereitet, die Sie vielleicht haben würden. Bitte ergänzen Sie, wenn Ihnen noch etwas fehlt.« Bei den anderen Zuhörern und mir kam das sehr gut an!

Die Überzeugungstäterin nimmt Zwischenrufe und Fragen ernst und greift sie respektvoll auf.

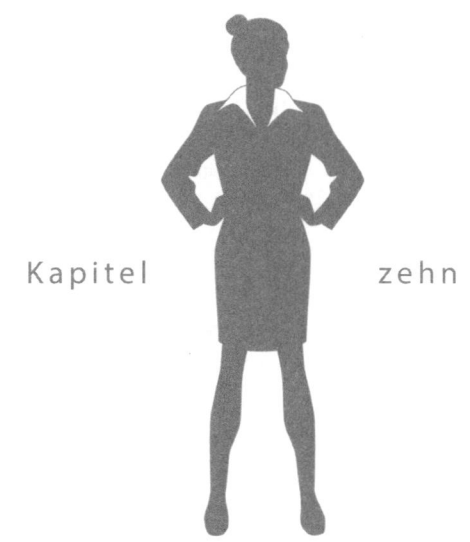

Kapitel zehn

ERFOLGREICHE
VERHANDLUNGEN
FÜHREN

Zwei Ansichten prallen aufeinander –
und wir wollen gewinnen!

In einer Verhandlung sitzen sich zwei Parteien gegenüber, die unterschiedliche Ziele verfolgen. Und nun geht es darum, ein Ergebnis zu erzielen – möglichst eins, mit dem beide Seiten zufrieden sind. Vielleicht wird genau das gemacht, was einer von Anfang an wollte und dem anderen das Ergebnis entsprechend gut verkauft hat. Oder es findet sich irgendwo in der Mitte ein Kompromiss. Oder es gibt einen ganz neuen Weg, an den noch keiner zuvor gedacht hatte. Ich will hier im ersten Teil auf schwierige Gespräche mit unterschiedlichen Zielen eingehen. Im nächsten Kapitel schreibe ich über Honorar- oder Gehaltsverhandlungen, da dies ein eigenes, wichtiges Thema ist.

Zu dir oder zu mir? Der Ort ist ganz entscheidend!

Wo genau würden Sie eine Verhandlung führen? Darüber haben Sie noch nie nachgedacht? Dann geht es Ihnen wie vielen meiner Seminarteilnehmerinnen, die mich ganz irritiert ansehen, wenn ich diese Frage stelle. »Wenn mein Chef mich zum Gespräch in sein Büro bittet, habe ich doch keine Wahl«, meinte eine Klientin neulich. Vielleicht hat sie damit Recht. Doch wir können ja zumindest versuchen, unsere Idealbedingungen durchzusetzen, und müssen es keineswegs dem Zufall überlassen, auf welchem Stuhl und an welchem Tisch wir sitzen.

Für mich ist es bei einer Verhandlung immer wichtig, das Gespräch an einem ruhigen, ungestörten Ort durchzuführen, an dem ich mich wohlfühle – und mein Gesprächspartner auch. Wer hungrig, durstig, schwitzend oder im Lärm etwas verhandelt, ist möglicherweise nicht wirklich auf das Gespräch konzentriert. Deshalb achte ich sehr genau darauf, wie die Menschen auf einen Raum reagieren, und versuche manchmal auch ganz spontan zu wechseln.

Vor einiger Zeit wollte ich mit einer Gruppe Mitarbeiter bei einem Kunden eine Entscheidungsvorlage für die Geschäftsleitung erarbeiten. Die Sekretärin hatte den unbeheizten Baucontainer als Besprechungsraum eingeplant, weil offenbar nichts anderes frei war. Doch ich war sicher: Bei 11 Grad und in dicke Jacken eingemummelt würden wir auf keine guten Ideen kommen. Es kostete uns nur zwei Anrufe in anderen Abteilungen und fünf Minuten Zeit, unsere Unterlagen in einen anderen Flügel des Hauptgebäudes zu tragen. Hätten wir hier kein Glück gehabt, wäre ich auch in ein Café ausgewichen oder hätte die Besprechung verschoben. Der winzige Aufwand hat sich gelohnt: Wir waren anschließend sehr kreativ und produktiv.

Bleibt bei einer internen Besprechung eine Chefin oder ein Chef auf dem dicken Ledersessel am eigenen Schreibtisch sitzen und bittet uns, auf dem unbequemeren Besucherstuhl gegenüber Platz zu nehmen, kann das Bequemlichkeit oder ein Machtspielchen sein. Ganz übel fühlt es sich an, wenn auf der anderen Seite auch noch die Beine hochgelegt werden (doch, so etwas soll wirklich immer noch vorkommen!) oder die Tischplatte in anderer Weise komplett in Beschlag genommen wird, etwa mit Gegenständen wie Handy, Laptop, Bilderrahmen, Pokale, Orden und so weiter. Derjenige demonstriert uns: »Das ist mein Revier, ich stehe über dir (indem ich etwas höher sitze). Was willst du Bittsteller von mir?« Wehren kann ich mich hiergegen nur, indem ich eine andere Sitzecke vorschlage oder, falls es keine Alternative gibt, einfach stehenbleibe. »Ich stehe ganz gern mal ein Weilchen. Diese ewige Sitzerei den ganzen Tag kann nicht gut für den Rücken sein.« Wenn der andere uns warten lässt und seelenruhig weiter telefoniert, während wir längst im Raum sind, würde ich sagen: »Ich komme später wieder« und gehen. Manche verhalten sich einfach respektlos, weil sie gar nicht darüber nachdenken, wie das auf uns wirkt. Andere wollen uns gezielt mürbe machen. Beides müssen wir uns nicht gefallen lassen.

Gibt es im selben Büro einen Besprechungstisch mit identisch aussehenden Stühlen, würde ich diesen immer bevorzugen und mich vorsichtshalber gleich schon dorthin setzen, damit der andere gar nicht erst auf die Idee kommt, auf seinem Thron sitzen zu bleiben. Sind wir auf Augenhöhe, fühlt sich das Gespräch gleich schon viel partnerschaftlicher an. Sind wir an neutralem Ort, also in einem Besprechungsraum, den keiner von beiden als Büro »bewohnt«, wird der Effekt des Gleichgewichts noch verstärkt. Doch solche Besprechungsräume sind in vielen Unternehmen rar geworden. Hier müssen wir dann ein wenig fantasievoller sein, wenn wir in ungestörter und angenehmer Atmosphäre sprechen wollen.

Wie wäre es mit einem Spaziergang?

Verhandlungen müssen nicht immer im Sitzen geführt werden. Klar, es gibt Gespräche, da wollen wir etwas mitschreiben können oder eine Präsentation über einen Beamer zeigen. In diesen Fällen sind wir auf einen Raum angewiesen, der uns das ermöglicht. Es gibt aber auch genügend Gesprächssituationen, wo all das nicht nötig ist.

Ich bin ein großer Fan von Gesprächen im Gehen: Man bewegt sich gemeinsam in dieselbe Richtung und kann sich jederzeit ansehen. Einzige Ausnahme: Bin ich deutlich größer oder kleiner als mein Gesprächspartner, kann sich das unangenehm anfühlen, vor allem für die kleinere Person. Dann fühlen wir uns vielleicht doch im Sitzen näher.

Bei einem Spaziergang muss ich auch nicht permanent auf die Augen des anderen fixiert sein, und Gesprächspausen, die sich vielleicht ergeben, sind überhaupt nicht unangenehm. Beim Gehen kann man auch inhaltlich nicht auf der Stelle treten.

Ich habe die Erfahrung gemacht, dass es in der Bewegung viel einfacher ist, einen Sachverhalt einmal aus anderer Perspektive zu betrachten oder die Position des anderen zu verstehen. Ein Kritik- oder Feedbackgespräch, ein Austausch über den aktuellen Stand eines Projekts oder das gemeinsame Nachdenken über die weitere Vorgehensweise bei einem kniffeligen Problem kann wunderbar bei einer kleinen Spazierrunde erfolgen. Von Steve Jobs weiß man, dass er Gespräche mit Mitarbeitern gern im Gehen geführt hat. »Lass uns mal um den Block gehen«, klingt ernsthaft und konzentriert und gleichzeitig leicht.

»Das ist bei uns nicht üblich!«, höre ich manchmal als Einwand. Doch jede neue Idee hat ja irgendwann angefangen. Besonders, wenn wir in der stärkeren Rolle sind, also ranghöher sind oder Kunde, dürfen wir es uns definitiv erlauben, den Vorschlag zu machen, einen anderen Rahmen für ein Gespräch zu wählen.

Suche ich als Dienstleisterin mit meinem Kunden das Gespräch, kann ich dennoch einen freundlichen Vorschlag machen, wo wir uns treffen könnten. »Was halten Sie davon, wenn wir uns gleich morgens zu einem Spaziergang an der Alster treffen? Hier haben wir Ruhe, und wenn ich richtig vermute, liegt das auf Ihrem Weg ins Büro.«

Nicht mit der Tür ins Haus fallen: Smalltalk zum Einstieg

Wie schön: Es gibt einen Gesprächstermin, unser Verhandlungspartner ist auf uns eingestellt, und es kann losgehen. Zwei Dinge sind nun vorab wichtig:

1. Wir sollten wissen, wie es dem anderen gerade geht.
2. Wir brauchen eine sympathische Grundstimmung.

Die Überzeugungstäterin beherrscht die Kunst des Smalltalks mit Leichtigkeit und Charme.

Wir haben keine Ahnung, was unsere Gesprächspartnerin oder unser Gesprächspartner heute schon alles erlebt hat. Vielleicht wurde seine Katze überfahren? Das Auto wurde zerkratzt? Er fühlt sich krank und unwohl? Er hatte Streit mit seiner Partnerin? Seine Aktien sind um etliche Prozentpunkte gestiegen oder in den Keller gerutscht? Der beste Freund heiratet und er soll Trauzeuge sein? Er wird Vater? Vielleicht beschäftigt ihn gerade ein sehr ernstes oder erfreuliches, wichtiges Thema.

Es besteht die Möglichkeit, dass wir mit unserem Anliegen heute gar nicht wichtig für ihn sind. Wenn wir das merken, ist es wohl besser, einen neuen Termin zu vereinbaren, als jetzt eine Entscheidung übers Knie zu brechen. Sie könnte gegen uns ausfallen. Später wird es dann umso schwieriger, den bereits gegangenen Schritt noch einmal zu revidieren und umzudrehen.

Sehr feinfühlig sollten wir also auf den anderen zugehen und aufmerksam hinsehen und zuhören, damit wir die Stimmung aufnehmen können. Harmlose Fragen wie »Hatten Sie eine gute Anfahrt?« oder »Ich hoffe, Sie hatten heute schon einen produktiven Vormittag«, lassen dem anderen die Freiheit, nun leise zu seufzen und zarte Andeutungen zu machen, oder etwas mehr darüber zu verraten, wie es ihm gerade geht. Ganz sicher werden wir nicht schon im ersten Satz sehr persönliche Probleme aufgetischt bekommen. Doch wir werden aus der Antwort bestimmt einiges heraushören können.

Lassen Sie den anderen möglichst erst einmal erzählen. Fragen Sie freundlich und offen. Dabei können wir an unseren letzten Kontakt anknüpfen: »Wie ist es denn nach unserer letzten Besprechung noch weitergegangen? Ich bin ganz neugierig, wie unsere Lösung bei Ihrem Team ankam.«

Vielleicht wissen wir auch, dass der andere Urlaub hatte, und können nachfragen: »Ich hoffe, Sie konnten das schöne Wetter letzte Woche ein wenig genießen.« Wenn wir nun erfahren, dass die Woche für Renovierungsarbeiten genutzt wurde, können wir ja interessiert weiter zuhören. Mit etwas Glück finden wir eine geschickte Überleitung zu unserem eigentlichen Thema.

Eine Kundin verriet mir neulich, sie brauchte den Urlaub, um ihren Dreijährigen bei der Kindergarteneingewöhnung zu begleiten, was aber offensichtlich gut geklappt hatte. Das passte hervorragend zu unserem Thema »Kulturwandel« im Unternehmen, das ich als Beraterin begleiten sollte. »Das ist bei Dreijährigen im Kindergarten nicht anders als bei weit über 30-Jährigen, die mit einer Neuausrichtung der Strategie klarkommen sollen: Sie brauchen jemanden, der sie vertrauensvoll unterstützt und für sie da ist, wenn Unsicherheiten auftreten.« Da musste sie ein wenig lachen und wir waren schon mitten im Thema.

Erst wenn wir sicher sein können, dass wir gerade nicht mitten in ein Drama hineintappen, können wir auch eine Kleinigkeit über uns erzählen oder mit einer kleinen Anekdote ins Gespräch einsteigen. Finde etwas Lustiges oder Schönes, das dir heute passiert ist oder beginne mit einem allgemeinen Geschehnis.

Achtung: Diese Einstiegsthemen sind tabu

Gemecker! Keiner will hören, dass die Mitarbeiter am Empfang sensationell unfreundlich waren, die Tiefgarage zu eng ist oder in einem anderen Projekt etwas schiefgelaufen ist. Meckerer übertragen ihre schlechte Laune auf andere wie Schnupfen. Oder man könnte sich verpflichtet fühlen, nun den Clown zu spielen und den Miesepeter wieder aufzuheitern. Das ist aber anstrengend.

Politik ist ein weites Feld und eignet sich nicht für drei leichte Sätze zwischendurch. Es kann auch sein, dass ich jemanden mit ganz anderen Ansichten vor mir habe und eine größere Auseinandersetzung riskiere. Lieber sein lassen!

Mitleid oder Trost Niemals mitleidig kommentieren, was wir am anderen äußerlich wahrnehmen, selbst wenn es noch so freundlich gemeint ist. »Sie sehen müde aus«, ist kein Kompliment. »Sie wirken so, als hätten Sie richtig viel um die Ohren«, geht in eine ähnliche Richtung. Ist vielleicht einfühlsam gemeint, wirkt aber wie eine Ohrfeige.

Viel besser eignen sich diese Themen, auch wenn es langweilige Klassiker sind:

Das **Wetter** interessiert Menschen immer – und bitte nicht ins Meckern verfallen, sondern die gute Seite erwähnen. Also nicht »Schon wieder Regen«, oder »Viel zu heiß für die Jahreszeit«, sondern »Was für ein herrlicher Frühlingstag heute«, oder »So schön, dieser Schnee!« Wer heuschnupfengeplagt ist, freut sich sogar über die staubfreie Luft bei Regen.

Sport Fußballergebnisse etwa sind ein beliebtes Thema für Smalltalk. Damit würde ich allerdings nur anfangen, wenn ich mich hier auch auskenne und etwas zu sagen habe. Sport ist ein gefährliches Thema, weil ich einen echten Fettnapf erwischen kann. Amüsiere ich mich über die historische Niederlage des HSV vor einem echten Fan, brauche ich jetzt nicht mit einem Verkaufsgespräch weiterzumachen!

Freundliche, ehrlich gemeinte **Komplimente und Lob** über kleine Äußerlichkeiten kommen gut an und heben die Laune: »Sie haben ja eine tolle Kaffeemaschine.« – »Was für ein wunderbarer Blick aus Ihrem Büro!« – »Hier im vierten Stock scheinen ja alle gute Laune zu haben.«

Versprühende **Lebenslust** als das Gegenteil von Meckern entlockt ganz leicht ein Lächeln: »Heute scheint mein Glückstag zu sein! Mein Zug war pünktlich, ich habe 50 Cent auf der Straße gefunden, und wir beide haben heute Zeit für unser Gespräch!«

Wir können auch **aktuelle Geschehnisse** aus der Zeitung kommentieren, aber lieber kleine Randthemen als allzu große politische Debatten. »Haben Sie es auch schon gelesen? Demnächst sollen alle Park-and-ride-Parkplätze am Stadtrand gratis bereitgestellt werden.«

Erstaunliche **Zahlen-Daten-Fakten** sind auch ein interessanter Gesprächseinstieg. »Hätten Sie gedacht, dass in jeder Minute weltweit xyz Filme auf You Tube hochgeladen werden?«

Respekt und Wertschätzung
sind wichtige Türöffner

Egal, ob Ihr Verhandlungspartner vor Selbstbewusstsein strotzt oder von Selbstzweifeln geplagt ist: Es ist immer eine gute Strategie, zu Beginn eines Gesprächs Anerkennung zu zeigen und diese deutlich zu formulieren.

Respekt beginnt schon damit, dass wir pünktlich zum vereinbarten Termin kommen und uns gut vorbereitet haben. Wir sollten also das Wichtigste über den Menschen und das Unternehmen nachlesen, mit dem wir es zu tun haben. Alles, was öffentlich ganz leicht herauszufinden und zugänglich ist, sollten wir kennen.

Ich weiß, dass einige berühmte Köpfe aus Politik und Wirtschaft sich von ihren Assistenten vor Veranstaltungen ein Booklet der wichtigsten Teilnehmer anfertigen lassen. Da ist ein aktuelles Foto jeder Person drin (damit man sie sofort wiedererkennt), die aktuelle Position, ein paar Stichworte zum Werdegang und weitere Informationen, die relevant erscheinen. So kann derjenige, der so ausgestattet und vorbereitet wurde, riesigen Eindruck machen, indem er Gesprächspartner namentlich begrüßt und im Smalltalk auf den aktuell gestiegenen Aktienkurs, einen Firmenkauf oder einen anderen, ganz persönlichen Erfolg anspricht. »Entschuldigen Sie, irgendwoher kenne ich Sie, aber ich weiß gerade nicht, woher«, wirkt da natürlich desinteressiert und sogar inkompetent.

Die Überzeugungstäterin geht wohlvorbereitet in ein wichtiges Gespräch. Sie überlässt nichts dem Zufall.

Im Zeitalter von Social Media wird es uns wirklich leicht gemacht, vieles auf LinkedIn oder Xing nachzulesen oder über eine Google-Suche herauszufinden. Das dauert nur wenige Minuten und wir zeigen dadurch, dass wir uns für den anderen wirklich interessieren.

»Mich würde Ihre Einschätzung interessieren zu …«, oder »Ich hätte zu einer Frage gern mal Ihren Rat«, ist ebenfalls ein Zeichen, dass wir den anderen als Experten schätzen. Doch Vorsicht: Bitte nicht den

Eindruck erwecken, als wollten wir eine Gratisberatung abzocken. Ich kenne einige Ärzte und Anwälte, die auf Partys ihren Beruf schon nicht mehr nennen wollen, weil sie das hierauf folgende »Ich hätte da mal eine kurze Frage« nicht mehr hören können.

Den Wackeldackel auslösen: Bringen Sie Ihren Gesprächspartner zum Nicken!

Studien haben gezeigt: Wenn ein Kunde sieben Mal hintereinander Ja gesagt hat, wird er mir auch bei der achten Frage mit einem Ja zustimmen.

Vielleicht kennen Sie dieses Spiel: Stelle jemandem überraschend mehrere Fragen, die ihn gedanklich auf eine bestimmte Linie bringen. Etwa folgende Fragenkombination:

Welche Farbe hat Schnee? Welche Farbe haben Gänsedaunen? Wie sieht ein leeres Blatt Papier aus? Welche Farbe haben Friedenstauben?

Nun ist das Gehirn so sehr auf »weiß« konditioniert, dass die Folgefrage »Was trinken Kühe« unter großer Wahrscheinlichkeit mit »Milch« beantwortet wird.

Das farblose Wasser, was eigentlich richtig gewesen wäre, passt nicht ins Bild. Einfach mal ausprobieren!

Genauso funktioniert jedes gute Verkaufsgespräch. Ich versuche, meinen Verhandlungspartner auf meine gewünschte Richtung einzustimmen.

Also beginne ich mit rhetorischen Fragen, die ganz sicher mit einem Ja beantwortet werden, oder ich fasse zusammen, was ich über den anderen weiß.

»In der letzten Sitzung haben Sie beschlossen ...«, ist schon mal ein guter Anfang.

»Wenn ich mich recht erinnere, ist es Ihnen besonders wichtig ...«, wird ebenfalls ein Nicken auslösen.

Anschließend versuche ich, möglichst genau wiederzugeben, was ich vom anderen als »Auftrag« verstanden habe: Warum will er mit mir sprechen? Was ist sein Problem, das gelöst werden soll? Was erwartet er von mir?

Mit einer vorsichtigen Einleitung gebe ich dem anderen die Möglichkeit zum Widerspruch, falls ich mich irre. »Bitte korrigieren Sie mich, falls ich das nicht ganz richtig wiedergebe. Ich habe verstanden, dass es Ihnen wichtig ist, dass Sie während der nächsten Fachmesse vor allem viele qualitative Neukontakte machen wollen.«

Nun kann ich auch kleine Fragen zur weiteren Präzisierung ins Gespräch einstreuen. »Wie viele Firmenkunden sollen Interesse zeigen? Welche Zahl ist Ihr Ziel?«

Mit der »Wackeldackel-Strategie« zu Beginn des Gesprächs erhöhe ich die Wahrscheinlichkeit, dass später meine Vorschläge und Ideen ebenfalls mit einem Nicken quittiert werden.

Die Überzeugungstäterin fokussiert sich darauf, sich möglichst häufig Zustimmung einzuholen.

Die Ziele des anderen kennen

Um die Wackeldackel-Strategie richtig spielen zu können, ist es natürlich hilfreich zu wissen, was dem anderen wichtig ist. Das finden wir nur heraus, indem wir umfassende Gespräche mit Insidern führen, die uns das Wichtigste verraten können. Ohne massive Vorarbeit ist es überhaupt nicht möglich, diese Punkte zu kennen.

Die folgende Pyramide zeigt die Absichten eines Verhandlungspartners in der Reihenfolge ihrer Prioritäten. Wollen wir in ein Gespräch einsteigen, können wir einen beliebigen Punkt aus der Pyramide ansprechen, den wir kennen. Wichtig ist nur: Es darf auf keinen Fall ein Widerspruch zu einem Punkt auf höherer Ebene vorhanden sein. Sieht jemand also auf Werteebene eine sehr hohe Bedeutung für Kreativität und Gestaltung, kann ich einen noch so guten Vorschlag machen, der beispielsweise das Ziel einer Kosteneinsparung erfüllt, wenn damit ein hochkompliziertes und einengendes Regelwerk und Bürokratie verbunden sind.

Wir können uns hier einmal mit einem Beispiel einer Eventplanung von unten nach oben vorarbeiten. Als Marketingverantwortliche stellen wir einem Entscheider unser Konzept für eine Kundenveranstaltung vor. Dabei ist es wichtig, dass wir all diese Aspekte im Auge behalten.

Ängste, Sorgen und Fettnäpfe

Zunächst sollten wir die Ängste und Sorgen unseres Gesprächspartners kennen. Gab es in der Vergangenheit Peinlichkeiten oder Pannen, die keinesfalls wieder passieren dürfen? Ist das Unternehmen gerade dabei, umfassende Kosteneinsparungen vorzunehmen, und es wäre nun das Schlimmste, wenn ein Budgetrahmen gesprengt würde?

Ist in der Vergangenheit schon einmal eine ähnliche Veranstaltung sensationell gefloppt? Gibt es einen wichtigen Mit-Entscheider, der gar nicht anwesend ist, den wir aber unbedingt mit ins Boot bekommen müssen? Müssen wir befürchten, dass uns der Betriebsrat gleich einen Strich durch die Rechnung machen könnte und die Umsetzung unserer tollen Idee verhindern wird, weil er Sorge hat, die Kollegen könnten das nötige Arbeitspensum nicht ohne massive Überstunden bewältigen?

Ziel der Verhandlung

Das Ziel des anderen wird im Laufe des Gesprächs sofort klar. Ganz vordergründig wird um einen Preis gefeilscht, um die Verteilung von Aufgaben. Zack-zack. Ganz einfach.

Weitere, kurzfristige Ziele

Auch diese Anliegen eines Verhandlungspartners sind schnell zu durchschauen. Die zu planende Veranstaltung soll kostengünstig sein, aber dennoch besonders. Das Motto sollte nicht einem Konzept aus den letzten Jahren ähneln. Der Aspekt der Nachhaltigkeit sollte unbedingt berücksichtigt werden – also bitte kein Pappgeschirr oder andere Müllberge verursachen.

Langfristige Ziele

Sie zu durchschauen, ist schon etwas kniffeliger. Welche großen Ziele strebt das Unternehmen an? Welche Umsatzziele sollen erreicht werden? Welche neuen Märkte will man erobern? Wie ist das mit der Digitalisierungsstrategie? Passt unsere Idee hierzu? Es kann schon sein, dass ein gesamter Plan abgelehnt wird, nur weil wir so unbedacht waren, die Einladungen und das Programm auf Papier drucken zu wollen, obwohl aktuell alle versuchen, Papier zu vermeiden.

Werte

Werte sind tiefe Überzeugungen, die noch wichtiger sind als Ziele. Freiheit, Vertrauen, Perfektion, Kreativität, Nachhaltigkeit oder Teamzusammenhalt können solche großen Begriffe sein, die einem Menschen wichtig sind. Strebt jemand immer nach der allerhöchsten Qualitätsstufe, wird ihm das kurzfristige Ziel, eine originelle Lösung für ein Problem zu finden, niemals so wichtig sein. Er wird sie wieder und wieder überprüfen, um sich gut und sicher zu fühlen.

Vision

Unsere Vision ist unser allerhöchstes Streben. Ein ganz großes, vermutlich unerreichbares Ziel, das unserem Handeln die Richtung vorgibt. Wenn wir diejenige sein wollen, die mit ihrem Job »das Leben von Programmierern einfacher macht«, können wir da wohl nie einen Haken dransetzen. Aber die Richtung ist klar. Wir würden keine Entscheidungen treffen, die auf uns den Eindruck machen, dass sie Sachen komplizierter machen.

Die Überzeugungstäterin kennt und versteht die Ziele ihres Gesprächspartners und bezieht sich darauf.

Öfter mal die Klappe halten

Wer mehr spricht, hat verloren! Diese Regel gilt für jede erfolgreiche Verhandlung. Gut funktionierende Kommunikation beginnt immer mit dem Zuhören und Verstehen.

Immer wieder beobachte ich in Verhandlungen Menschen, die dieses Prinzip noch nicht verstanden haben. Sie denken, sie wirkten besonders kompetent, wenn sie wortgewaltig alles erzählen, was sie zu einem Thema wissen. Doch mit dem Zutexten eines Verhandlungspartners erreichen wir nur, dass wir ihn langweilen. Wir nehmen ihm Raum für Selbstdarstellung. Und außerdem hat er beim Zuhören ganz viel Zeit, sich Gegenargumente zu überlegen und jede unserer Aussagen später umzudrehen. Bringen wir den anderen dazu, möglichst viel zu sprechen, gewinnen wir selbst Zeit, unsere Punkte exakt auf die Aussagen des anderen abzustimmen.

Doch wie bringen wir andere zum Reden? Ganz einfach: indem wir möglichst viele, offene Fragen stellen.

Eine offene Frage beginnt mit »wie« oder »was« oder »welche«, eher nicht mit »warum«.

»Warum« kann von Empfindlichen als Vorwurf verstanden werden. »Warum kommst du so spät?«»Warum wurde die Kampagne so oder so gemacht?«»Warum wurden während der letzten Messe nur soundso viele Neukontakte gemacht?« Was vielleicht wirklich als interessierte Nachfrage gemeint ist, könnte eine Rechtfertigung provozieren. Entscheider übernehmen gern Verantwortung. Und sie fühlen sich für vieles verantwortlich, für das sie gar nicht zuständig sind, manchmal sogar für das Wetter. Kommentieren wir also maue Ergebnisse, sehen sie das ganz sicher als Affront gegen sich persönlich. Keine gute Voraussetzung für eine weitere Verhandlung!

Verhandlungspartner wollen sich verstanden fühlen. Daher schätzen sie es sehr, wenn jemand sehr detaillierte Verständnisfragen stellt: »Welche Erfahrungen haben Sie hier gemacht?«»Wie kam dieses Vorgängerprodukt bei Ihren Kunden an?«»Mich interessiert wirklich sehr: Wie entstand die Idee, den asiatischen Markt mit diesem Produkt zu erschließen?«

Wenn wir Glück haben, folgt auf eine solche Frage ein langer Monolog, den wir durch immer tiefer gehende Folgefragen weiter befeuern können. Eine solche Erzählung hat gleich zwei positive Effekte: Unser Gesprächspartner fühlt sich gesehen, und wir erfahren ganz vieles, das wir später im eigentlichen Verhandlungsgespräch wieder für uns nutzen können. »Sie sagten, Ihnen sei es wichtig …«

All unsere Fragen sollten darauf abzielen, genauer herauszufinden, worum es dem anderen wirklich geht. Wenn wir das in klare Worte fassen können, haben wir schon halb gewonnen.

Die Überzeugungstäterin kennt den Zauber des Schweigens in Verbindung mit Blickkontakt Es gibt eine sehr interessante Übung für zwei, die der Psychotherapeut und Mediziner Dr. Michael L. Moeller ursprünglich für Paare entwickelt hat. In seinem Zwiegespräch ist jeder abwechselnd 15 Minuten lang mit Sprechen dran und kann sich von der Seele reden, wie es ihm geht. Nach 15 Minuten ist der andere am Zug, und der Vorredner hört einfach nur zu. Unterbrechungen sind verboten. Nur kurze Verständnisfragen sind erlaubt. »Wie meinst du das?« Insgesamt ist jeder dreimal dran, dieses Gespräch dauert also 90 Minuten.

In Seminaren wandle ich diese Übung manchmal sehr verkürzt ab und schicke die Teilnehmer gleich zu Beginn zu zweit auf einen Kennenlernspaziergang mit abwechselndem Monolog, bei dem jeder zehn Minuten lang etwas über sich erzählt. Danach stellt jeder seinen Interviewpartner den anderen Seminarteilnehmern vor und gibt in stark verkürzter Form wieder, was ihm interessant und wichtig erscheint.

Diese Kommunikationsform – einer spricht, der andere hört nur zu – scheint für viele ungewöhnlich zu sein. Denn regelmäßig bekomme ich erstaunliche Feedbacks. Manche finden es erholsam zu wissen, dass sie nicht unterbrochen werden. Oft gestehen mir Teilnehmer auch, wie schwierig sie es finden, nur zuzuhören. Manche ertappen sich dabei, in Gedanken schon eine Antwort oder einen eigenen Wortbeitrag zu formulieren. »Das kenne ich, so etwas Ähnliches habe ich auch schon erlebt« oder »Das erinnert mich an eine lustige Geschichte ...« sind bekannte Formulierungen, wenn Menschen das Gespräch anschließend an sich reißen und wieder nur von sich selbst reden.

Ein Geschäftsführer, der bei einem Seminar von einem solchen Monolog-Spaziergang zurückkehrte, meinte zu mir: »Das Seminar hat sich schon jetzt für mich gelohnt. Diese Übung nehme ich mit nach Hause und mache genau das mal mit meiner Frau.«

Ein Kunde wandelte das Spiel ab und erzählte mir, er hätte es einmal im Monat bei seinen Teammeetings eingeführt, dass eine Sanduhr von Mitarbeiter zu Mitarbeiter weitergereicht wird. Jeder hat nun reihum drei Minuten exklusiv für ihn reservierte Zeit, um zu berichten, wie es ihm gerade in der Zusammenarbeit mit den Kollegen geht. Dabei überraschten ihn am meisten die besonders stillen Kollegen, die früher nie etwas gesagt hätten.

Win-Win: das unwiderstehlich gute Verhandlungsergebnis

Wenn beide Seiten profitieren, ist das doch ein hervorragender Ausgang einer Verhandlung! Mache ich der anderen Seite klar, dass ich ihr Ziel kenne und verstehe und mein Vorschlag eine Möglichkeit ist, dieses Ziel zu erreichen, ernte ich mit Sicherheit zustimmendes Nicken.

Meine eigenen Kinder bekommen bei uns zu Hause schon von klein auf mit, wie eine erfolgreiche Verhandlung läuft. Und sie verwenden es gegen mich!

In meinen Verhandlungen mit Kunden gebe ich das Ziel des anderen wieder und zeige einen Weg, wie wir das erreichen können – auf meine Weise.

Einmal reiste ich mit einer Kollegin bereits zum dritten Mal zu einem potenziellen Neukunden, um mich gegen drei Wettbewerber durchzusetzen und den Zuschlag für ein wirklich spannendes und lukratives Beratungsprojekt zu bekommen. Unsere Chancen standen nicht schlecht: Zwei Konkurrenten hatten wir schon ins Abseits gespielt. Wir wussten, dass der letzte Anbieter neben uns bereits präsentiert hatte. Nun fehlte nur noch unser Beitrag. Ich wurde dennoch allmählich ungeduldig und erklärte meiner Kollegin mit fester Bestimmtheit: »Heute reise ich nicht ab, bevor ich weiß, ob wir den Zuschlag bekommen!«

Vor 15 Mitgliedern der erweiterten Geschäftsleitung präsentierten wir und beantworteten alle noch offenen Fragen. Ich hatte ein gutes Gefühl. Der Vorstandsvorsitzende bedankte sich schließlich, dass wir uns noch einmal auf den weiten Weg gemacht hatten. »Sie werden verstehen, dass wir uns intern beraten wollen. Dieses Gremium tagt in zwei Wochen wieder, wir geben Ihnen dann zeitnah Bescheid.« Das war nicht das, was ich gehofft hatte zu hören. Noch einmal zwei weitere Wochen warten! Wer weiß, was bis dahin noch alles geschehen konnte. Außerdem war ich ja mit einem festen Ziel angereist. Nun hätte ich es jedoch nicht passend gefunden zu drängeln. Mit einer Aussage wie »Wir müssten schon wissen, ob wir dieses Projekt einplanen dürfen, weil wir sonst ein anderes Projekt annehmen«, hätten wir vermutlich riskiert, dass wir ein »Dann machen Sie das eben« gehört hätten.

Also schlug ich stattdessen vor: »Selbstverständlich verstehen wir, dass Sie sich intern abstimmen wollen. Sollen wir für eine Tasse Kaffee nach draußen gehen?« Da lachte er. »So machen wir es. Und wenn das hier nichts wird mit unserem gemeinsamen Projekt, schlage ich vor, fangen Sie bei uns im Vertrieb an.«

Ich freute mich sehr über das Kompliment. Tatsächlich hatten wir im Flur kaum unseren Kaffee ausgetrunken, da wurden wir schon wieder hereingerufen und bekamen die mündliche Zusage.

Den Sack zumachen: eine Verhandlung zu einem erfolgreichen Abschluss führen

Woran liegt es nur, dass besonders Frauen so großartige Gespräche führen können – und am Ende bekommen sie dennoch nicht das, was sie wollen?

Verhandlungsgeschick zeigt sich schon ganz früh. Eine Umfrage von sechs Verlagen für Kinder- und Jugendzeitschriften (Kinder-Medien-Studie 2017) hat ergeben, dass in allen Altersgruppen Jungen durchschnittlich 10 Prozent mehr Taschengeld bekommen als Mädchen. Offensichtlich sind Männer bereits im zarten Knabenalter fordernder. Ich finde diese Zahl dennoch unglaublich. Schließlich sind die Verhandlungspartner hier mindestens zu 50 Prozent die Mütter. Bevor wir uns über den Gender-Pay-Gap bei Angestellten aufregen, sollten wir erst einmal dafür sorgen, dass wir unsere Kinder gleich und fair behandeln.

Meine Theorie: Dass Mädchen weniger gut darin sind, Forderungen und Wünsche klar zu formulieren, ist eine ganz, ganz alte Erziehungskiste. Über Generationen bekamen wir schon als kleine Mädchen gesagt, dass wir den »Jungs nicht hinterherlaufen« sollen. Schön warten, bis man gefragt wird. Nicht vordrängeln. Bloß nicht aufdringlich sein. Bescheiden und artig sollten wir sein. Mit der Andeutung, dass wir nur fleißig sein müssten, dann würde sich alles Weitere schon von selbst ergeben, wurden wir schon früh ausgetrickst und zu Arbeitsbienen erzogen. Im Märchen *Frau Holle* wird die brave und fleißige Goldmarie am Ende mit purem Gold belohnt, das einfach so vom Himmel fällt, nur weil sie davor ohne Murren jede Arbeit verrichtete, die Frau Holle ihr auftrug.

Da ist es dann kein Wunder, wenn wir als Frauen später im Verkaufsgespräch oder in einer Verhandlung sitzen und im entscheidenden Moment die Kurve nicht in Richtung Verbindlichkeit bekommen.

Ein gutes Angebot ist wie eine Speisekarte: Es lässt Raum für eigene Entscheidungen

Halte ich es für richtig, einem Kunden wenigstens fünf Leistungskomponenten als sinnvolle Lösung für sein Problem vorzuschlagen, sollte ich ihm dennoch eher zehn Bausteine zur Auswahl geben. Sicherlich könnte ich meinen Vorschlag noch zu einer Art Luxusvariante »aufpimpen« und zusätzliche Mitarbeiter- oder Kundenbefragungen einbauen, Maßnahmen zur konkreten Messung des Erfolgs anbieten und mir noch viele weiterführende Schritte ausdenken.

Ich habe die Erfahrung gemacht, dass es bei Kunden sehr gut ankommt, wenn man eine Lösung über einen längeren Zeitraum spinnt und Schritte einplant, die einen nachhaltigen Erfolg sicherstellen. Zusätzlich kann ich die Entscheidung in meine gewünschte Richtung lenken, indem ich eine Art »Sparversion«, eine »gute Lösung«, eine »Ideallösung« und eine »Supervariante« als vier verschiedene Pakete anbiete.

Die Überzeugungstäterin lässt dem Verhandlungspartner die Wahl. Nicht zwischen »Ja« und »Nein« sondern zwischen verschiedenen Varianten von »Ja«.

Famous last words: Bauen Sie ein wenig Druck auf

- »Was wollen wir nun als Vereinbarung festhalten?«
- »Was darf ich mir notieren, wie verbleiben wir?«
- »Können wir uns darauf einigen, dass wir …«
- »Sind Sie damit einverstanden, dass wir folgende nächste Schritte festhalten?«

Mit solchen Sätzen leiten wir eine Schlussvereinbarung ein. Wichtig ist hierbei, dass wir möglichst klare Verantwortlichkeiten und auch Termine festhalten. Soll sich eine Situation ganz allgemein und grundsätzlich verbessern oder verändern, kann man ebenfalls einen Zeitraum definieren, nach dessen Ablauf man wieder ein Gespräch führt.

Ist es mir wichtig, die Verbindlichkeit einer Vereinbarung noch zu verstärken, schicke ich hinterher noch eine E-Mail. Dann bedanke ich mir für das konstruktive Gespräch und halte noch einmal alle Beschlüsse fest. Dann kann sich niemand später herausreden, ich hätte da etwas falsch verstanden.

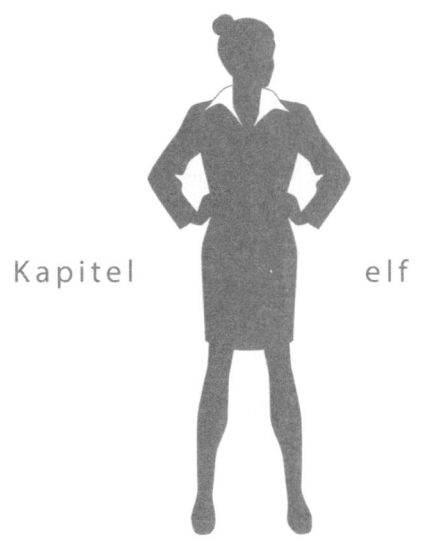

Kapitel elf

SELBSTBEWUSST GEHALT ODER HONORAR VERHANDELN

Frauen sind verhandlungsfaul – Männer auch

Etwa ein Viertel aller Frauen (25,4 Prozent) und 18,7 Prozent aller Männer verhandeln niemals eine Gehaltserhöhung. Immerhin 32,2 Prozent aller Frauen und 34,9 Prozent aller Männer fragen einmal pro Jahr nach mehr Geld. Dies hat eine Befragung von 60 000 Fach- und Führungskräften des Personalvermittlers Stepstone im Herbst 2016 ergeben. Eine Studie der Harvard University fördert zu Tage, dass es sich bei Männern und Frauen, die nie ihr Gehalt verhandelten, um einen ganz bestimmten Persönlichkeitstyp handelte: Je geringer die Bildung und je niedriger die hierarchische Stellung, umso weniger war das Selbstbewusstsein vorhanden, nach einer Gehaltserhöhung zu fragen. Bescheidene Mitarbeiter fürchten offenbar Zurückweisung oder negative Konsequenzen. Gleichzeitig scheinen sie in der Gehaltsverhandlung ein Privileg zu sehen, das ihnen verwehrt ist.

Meine persönliche Beobachtung ist außerdem: Einige Frauen scheinen in dem Moment, in dem sie eine kurze oder längere Auszeit als Mutter nehmen, ihr Selbstbewusstsein im Kreißsaal gelassen zu haben. Oder man nimmt es ihnen. Jedenfalls hörte ich aus vielen Gesprächen mit Wiedereinsteigerinnen heraus, dass man überhaupt froh war, wieder genommen zu werden, wo man doch »so lange raus war«. Dass frau sich während der Familienzeit auch weiterentwickelt und Kompetenzen erwirbt und ausbaut, die für zahlreiche Jobs hilfreich sind, scheint vielen nicht bewusst zu sein. Daher empfehle ich meinen weiblichen wie männlichen Klienten, die in Elternzeit gehen, in dieser Zeit neben der wichtigen Elternrolle unbedingt zusätzlich etwas zu tun, was ihr Selbstbewusstsein stärkt. Weiterhin dran bleiben an den Jobthemen, den Kontakt zu Kollegen halten, all das ist wichtig. Jetzt ist die perfekte Zeit, ganz viel schlaue Fachbücher zu lesen, Onlinekurse zu besuchen oder Videos von interessanten Vorträgen anzusehen, etwa über TED Talks (findet man auf You Tube) zum eigenen Fachbereich oder zu völlig neuen Themen. Wenn man es schlau anstellt, kann man sich in einer solchen Phase der beruflichen Auszeit sogar schneller weiterentwickeln als Kollegen, die täglich weiter im Hamsterrad ihrer Routineaufgaben gefangen sind.

Wer sich in seinen Gesprächen mit anderen allerdings drei Jahre lang (plus vielleicht weiterer drei Jahre nach dem zweiten Kind) ausschließlich auf Windeln, Babybrei und Babyschwimmen konzentriert, kommt natürlich mit geduckter Haltung in den Job zurück und stuft den eigenen Marktwert geringer ein als vor der Pause.

Wer nichts fordert, bekommt nichts

Kennen Sie Beispiele, wo jemand aus heiterem Himmel mehr Gehalt oder Honorar bekommen hätte, als er gefordert hat? Ich nicht! Wir sind nicht bei Frau Holle, Gold kommt nicht überraschend auf Fleißige herabgeregnet! Ich halte es für sehr vernünftig, einmal jährlich zu überprüfen, ob wir unsere Entlohnung noch angemessen finden. Alle zwei Jahre sollten wir eine Anpassung anstreben. Auch Freiberufler sollten ihre Preise in diesem Rhythmus erhöhen: Immerhin haben Sie nun zwei weitere Jahre Berufserfahrung gesammelt. Halten wir die Höhe unserer Honorare stabil, verdienen wir allein durch die Inflationsrate immer weniger.

»Gehälter sind bei uns nicht verhandelbar«, habe ich schon so manches Mal gehört. Und gleichzeitig habe ich selbst erlebt, dass es nur auf eine kluge Verhandlungsführung und schlüssige Argumentation ankommt.

Als Studentin jobbte ich öfter in einem großen Unternehmen. Die Stundensätze für Werkstudenten waren festgeschrieben. Dennoch wagte ich eines Tages einen Verhandlungsversuch: Ich hatte mich (als Einzige) in eine bestimmte Software eingearbeitet und unterstütze einen Abteilungsleiter bei der Vorbereitung seiner Budget-Meetings. Der Job machte mir sehr viel Spaß, und ich konnte mir die Zeit neben meinem Studium sogar ziemlich frei einteilen. Nun hatte ich aber noch ein anderes Jobangebot in petto: Viel näher an meiner Wohnung verdiente ich dort dasselbe, hätte jedoch keine Fahrtkosten und keine Anreisezeit gehabt.

Genau das rechnete ich meinem damaligen Chef vor: Wenn ich unterm Strich auf dieselbe Bezahlung kommen wollte, müsste ich etwa 4 Euro pro Stunde mehr verdienen. Denn neben dem Studium hatte ich ja immer nur ein paar Stunden Zeit, nie ganze Arbeitstage, die ich leisten konnte. Er schmunzelte und nahm das Papier mit meiner Kalkulation mit in die Personalabteilung. Weil er mich gern als Kraft behalten wollte, akzeptierten sie ausnahmsweise die Sonderregelung. Nach einigen Wochen hatte ich sogar einen Termin beim Personalleiter: Er wollte einfach nur mal so »unsere teuerste Werkstudentin« kennenlernen und fragte mich interessiert nach meinen beruflichen Plänen nach dem Studium.

Lassen Sie sich nichts gefallen

Meine Klientin Clara erzählte mir, wie sie wild entschlossen war, sich nicht mehr weiter hinhalten zu lassen, und nun endlich mit ihrem Chef über eine Gehaltserhöhung sprechen wollte. Sie hatte davor zufällig mitbekommen, wie viel ein männlicher Kollege verdiente, der später eingestellt worden war als sie und im selben Aufgabenbereich tätig war. Der hatte offensichtlich gleich bei seiner Einstellung gut verhandelt und den glücklichen Umstand für sich genutzt, dass das Unternehmen zu dieser Zeit dringend eine gute Kraft brauchte.

Sie hatte sich vor dem Termin mit ihrem Chef gut vorbereitet und eine lange Liste angefertigt mit ihren Leistungen und Erfolgen. Jede zusätzliche Aufgabe, die in den letzten Jahren hinzugekommen war, hatte sie vermerkt. Jeden Umsatz, den sie dem Unternehmen durch ihren Einsatz verschaffte, hatte sie beziffert. So stieg sie auch zunächst perfekt ein ins Gespräch und bat ihren Chef um Feedback, wie zufrieden er mit ihren Leistungen war. Tatsächlich lobte er sie über den grünen Klee und versäumte es auch nicht, ihre Umsicht, ihre Teamfähigkeit und ihre Loyalität zu erwähnen und den glücklichen Umstand, dass sie stets ans »große Ganze« dächte. Ein geschickter Schachzug, denn später nahm er auf diese Umsicht Bezug.

Irgendwie brachte er es fertig, ihr im Laufe des Gesprächs eine Beförderung anzubieten – bei gleichbleibendem Gehalt. Er hätte im Moment nicht mehr Budget zur Verfügung, er würde ja gern, aber ihm wären die Hände gebunden. Sie wisse ja selbst, die Zeiten seien gerade schwierig und in allen Abteilungen sei gerade von Kosteneinsparungen die Rede. Sie ließ sich darauf vertrösten, dass in einem Jahr wieder über Geld gesprochen werden könne. Und da Clara ja stets ans große Ganze dachte, ließ sie sich darauf ein. Und ich bin ganz sicher: Wenn sie sich keine Strategie ausdenkt, welche Konsequenzen sie ziehen wird, wenn sie ihr Ziel nicht erreicht, wird sie wieder leer ausgehen.

Die Überzeugungstäterin fordert Fairness ein.

Keine Angst – wir haben nichts zu verlieren

Wovor fürchten wir uns in einer solchen Verhandlung? Ist es wirklich schwieriger, den eigenen Wert zu verhandeln, als sich für eine Zone 30 in der eigenen Straße einzusetzen? Plagt uns der Gedanke, unsere Verhandlung könnte nicht von Erfolg gekrönt sein? Keine Gehaltserhöhung zu bekommen nach einem Gespräch, ist immer noch besser, als gar nicht erst danach gefragt zu haben. Immerhin hat unsere Chefin oder unser Chef im Hinterkopf, dass wir uns Gedanken machen um unseren Wert für das Unternehmen und eine Erhöhung unseres Gehalts erwarten.

Haben wir Sorge, die Teamharmonie könnte ins Bröckeln geraten? Unsere Teamleitung könnte uns weniger mögen? Die Firma könnte bankrottgehen, wenn wir genauso viel verdienten wie der männliche Kollege?

Drehen wir den Gedanken doch mal um: Wegen welcher Fähigkeiten und Eigenschaften wurden wir denn eingestellt? Was macht eine wirklich starke Kraft aus? Stehen da neben fachlichem Know-how auch »Verhandlungsgeschick«, »Durchsetzungsstärke« und ähnliche Attribute mit auf der Liste? Das können wir doch direkt als Argument anführen. »Sie haben mich eingestellt, weil ich gegenüber unseren Lieferanten eine klare Linie vertrete und stets im Sinne des Unternehmens verhandle. Konsequenterweise muss ich nun meine eigenen Interessen hier ebenso vertreten, um meine Glaubwürdigkeit unter Beweis zu stellen.«

Ein zäher Verhandlungspartner in Gehaltsgesprächen ist doch ein großartiger Mitarbeiter, den man nicht verlieren möchte!

Gut vorbereitet ist halb gewonnen

Bevor ich in eine Honorar- oder Gehaltsverhandlung gehe, sollte ich vorab einige Informationen einholen. Was ist am Markt üblich? Welche Preise werden andernorts verhandelt? Was ist branchenüblich? Wie viel bezahlen vergleichbare Wettbewerber? Was verdienen andere mit meiner Ausbildung und Berufserfahrung? Ein paar Klicks im Internet und ich erhalte interessante Tabellen und Übersichten. Doch das allein ist natürlich nicht aussagekräftig: Schließlich sind sowohl mein Verhandlungspartner als auch ich ganz einzigartig.

Sowohl bei einer Gehaltsverhandlung als auch beim Feilschen um ein gutes Honorar verhandle ich mit einem Unternehmen. Und ich sollte möglichst genau darüber Bescheid wissen: Wie geht es dieser Firma gerade? Wie gut waren die Zahlen im letzten Jahr im Vergleich zu den Planzahlen? Haben wir mehr Gewinn eingefahren, hat mein Vorgesetzter vermutlich gute Laune dank einer eigenen kräftigen Bonuszahlung. Sicherlich ist er dann großzügiger, als wenn er selbst mit deutlich mehr gerechnet hatte, als auf seiner Lohnabrechnung stand.

Der Nutzen ist Ihr stärkstes Argument

Welchen Nutzen liefern Sie Ihrem Arbeit- oder Auftraggeber? Das ist Ihr Argument, und auch dieses sollten Sie sorgfältig vorbereiten und vorab Berechnungen anstellen. Niemanden interessiert es, dass Sie mehr Geld brauchen, weil Sie gerade ein Haus bauen oder weil Ihr Ehepartner gerade den Job verloren hat. Behalten Sie so etwas um Himmels Willen für sich. So etwas in eine Honorar- oder Gehaltsverhandlung einfließen zu lassen, ist unprofessionell.

Vielmehr sollten Sie genauer ausrechnen, welchen Nutzen Sie liefern und wie sich dieser monetär darstellen lässt. Haben Sie die Arbeit von jemand anderem übernommen? Konnte durch Sie eine Kraft eingespart werden? Konnten Sie ganz konkret Kosten im Haus durch Ihre Arbeit reduzieren? Hat das Unternehmen dank Ihres Zutuns mehr Umsatz gemacht? Es ist doch nur legitim, wenn Sie nun einen Teil dieses Kuchens haben möchten.

Lassen Sie sich loben

Es ist eine gute Idee, eine Gehaltsverhandlung damit zu beginnen, dass Sie Ihre Erfolge und Leistungen für das Unternehmen aufzählen. Noch eleganter ist es allerdings, Sie lassen sich von Ihrem Vorgesetzten loben. Das provozieren Sie am besten, indem Sie der Reihe nach in kurzen Stichworten Aufgaben aufzählen, bei denen Sie brilliert haben.

»In den letzten beiden Jahren hat sich ein Aufgabenbereich verändert. Es sind einige neue Aufgaben hinzugekommen. Ich wüsste gern, wie zufrieden Sie mit meiner Leitung des neuen Projekts X waren.« Warten Sie das Feedback ab und listen Sie immer weiter Ihre Pluspunkte auf, indem Sie nur ein Stichwort nennen und nach der Einschätzung des anderen fragen. »Neu hinzugekommen ist auch, dass ich mich um unsere Auszubildende kümmere. Wie zufrieden sind Sie hier mit meiner Arbeit?« Wenn unser Gegenüber uns erst einmal ausgiebig gelobt hat, wird es ihm später schwerer fallen, unsere Forderung nach einem höheren Gehalt abzuweisen.

Lobt er uns (wider Erwarten) nicht, wissen wir auch: Heute ist kein guter Tag für eine Gehaltsverhandlung! Fragen Sie genau nach, womit er nicht zufrieden ist und wo Sie sich verbessern könnten.

Was würde es kosten, Sie zu ersetzen?

Rechnen Sie doch einmal spaßeshalber durch, wie teuer es das Unternehmen käme, wenn Sie sich einen anderen Job suchten. Können Kollegen Ihre Arbeit übernehmen? Falls nein, wie teuer wäre es, jemand Neues zu finden? Wie lange müsste jemand eingearbeitet werden, bis er eine vergleichbare Leistung bringen kann? Wie aufwändig wäre es, Ihre Arbeit an einen externen Dienstleister zu übertragen? All das macht Ihren Marktwert mit aus. Und Sie sollten sich dieses Wertes bewusst sein.

Die Überzeugungstäterin kennt ihren Mehrwert und argumentiert damit.

Keine leeren Drohungen aussprechen

»Dann muss ich mich wohl nach einer anderen Stelle umsehen.« Schon mancher Arbeitnehmer dachte, er könnte mit einer solchen Äußerung wirkungsvollen Druck erzeugen und eine Verbesserung seiner Konditionen provozieren. Doch wer will schon wirklich mit jemandem weiterarbeiten, der offenbar sofort untreu wird, sobald ihm etwas nicht passt? Es besteht die Gefahr, dass die Antwort auf eine solche Drohung lautet: »Dann machen Sie das.« Bleiben wir dennoch, haben wir uns für alle Zeiten unglaubwürdig gemacht. Niemand nimmt uns mehr ernst.

Habe ich eine Alternative, wenn wir zu keiner Lösung kommen?

Besonders entspannt verhandeln wir natürlich, wenn wir wissen, dass das Leben auch ohne diesen Auftraggeber oder ohne diesen Arbeitgeber weitergehen könnte. Daher hilft es, eine echte Alternative in der Hinterhand zu haben. Als Angestellte sollte ich also immer wieder Gespräche mit anderen Firmen führen. Das spiegelt mir meinen Marktwert, ich übe Bewerbungsgespräche und bin nicht so sehr auf meinen aktuellen Brötchengeber fixiert, dass ich unter allen Umständen und zu allen Konditionen für ihn weiterarbeiten würde.

Ich kann in der Gehaltsverhandlung auch wirklich pokern: »Ich sage Ihnen ganz offen: Ich habe hier ein sehr attraktives Angebot vorliegen mit dem Vorteil flexibler Arbeitszeit und 8 000 Euro höherem Jahresgehalt.« Das ist eine klare Ansage. Will mein Arbeitgeber mich behalten, wird er nachziehen oder mir auf anderer Ebene entgegenkommen. Übersteigt meine Zahl jedoch bei weitem seine Möglichkeiten, wird er interessiert sein, unsere Zusammenarbeit zu beenden. Niemand beschäftigt gern jemanden weiter, der offensichtlich unzufrieden und auf dem Absprung ist.

Die Überzeugungstäterin hat immer einen Plan B in der Tasche. Und einen Plan C. Und D.

In meinem eigenen, ersten kleinen Unternehmen mit damals nur fünf Mitarbeitern forderte eine Mitarbeiterin nach der Probezeit eine Gehaltserhöhung von stattlichen 50 Prozent. Ich trennte mich daraufhin sofort von ihr, denn ich wusste genau: Eine Erhöhung von 10 oder 20 Prozent wären für mich schon schmerzhaft und für sie längst nicht befriedigend. Hinterher erfuhr ich, dass sie eigentlich nur ein wenig mehr wollte und einfach mal sportlich in die Verhandlung einsteigen wollte. Mit einer Kündigung hatte sie nicht gerechnet. Ihre dreiste Forderung war allerdings nicht das einzige, was mich an der Zusammenarbeit gestört hatte.

Klare Konditionen benennen und eine Auswahlfreiheit anbieten

Wer locker-flockig in ein Gespräch geht und es mal auf sich zukommen lassen will, was dabei herauskommt, hat hinterher sicher keinen Grund zum Feiern. Warum sollte jemand freiwillig großzügige Angebote in den Raum werfen, wenn diese gar nicht eingefordert werden? Wir brauchen also in jeder Verhandlung ein klares Ziel und sollten dieses auch benennen. Am besten mit einem gewissen Verhandlungsspielraum, damit wir auch noch etwas nachgeben können.

Geht es um einen Preis, sollten wir also auf unsere Mindestforderung einen kleinen Aufschlag setzen, um dem Verhandlungspartner entgegenkommen zu können. Wer für eine bestimmte Leistung 50 000 Euro oder mehr bekommen möchte, kann die Verhandlung beispielsweise mit 56 000 Euro beginnen.

Kniffelig wird es immer dann, wenn ich überhaupt keine Vorstellung davon habe, welches Budget mein Verhandlungspartner einkalkuliert hat. Hier habe ich einmal von einer wirklich tollen Frau gelernt, wie man sich herantasten kann:

Elke Benning-Rohnke war mit einem Geschäftsführer im Gespräch, um für sein Unternehmen eine bestimmte Beratungsleistung zu erbringen. Damals war sie noch nicht FidAR-Vizepräsidentin, sondern beriet Unternehmen. Die mögliche Aufgabe war schon besprochen. Beim Rundgang durch das Unternehmen wollte der Geschäftsführer sie geschickt überrumpeln und fragte zwischen Tür und Angel, was ihre Leistung denn ungefähr kosten würde. Er hoffte wohl auf eine leichtfertige, spontane Antwort, die nicht wirklich durchdacht wäre. Ich war wirklich sehr gespannt auf ihre Reaktion. Lächelnd beschwichtigte sie ihn:»Da müssen Sie sich keine Sorgen machen. Da liegen wir unter 25 000 Euro.« Sehr aufmerksam beobachtete sie dabei seine Mimik. Da er mit keiner Wimper zuckte und sein Lächeln gleichmäßig freundlich blieb, wusste sie, dass sie sich in ihrem Angebot recht nah an diese genannte Summe heranwagen durfte. Bei einem entsetzten, erschrockenen Blick hätte sie alles noch als witzige Bemerkung oder Missverständnis bezüglich der genauen Leistungen drehen können.

Fantasie ist Trumpf – besser nicht im Preis für die eigene Leistung runtergehen

Stellen Sie sich vor, Sie fragen Ihren Friseur, mit dem Sie seit Jahren sehr zufrieden sind, ob er Ihre Haare diesmal nicht für den halben Preis schneiden könnte, und er geht darauf ein. Klar, im ersten Moment ist das ein Grund zur Freude: Sie haben Geld gespart. Doch schon im nächsten Augenblick werden Ihnen Zweifel kommen: Wenn seine Leistung ja nur die Hälfte wert ist, haben Sie in der Vergangenheit eindeutig immer viel zu viel bezahlt! Außerdem: Vielleicht bekommt der Kunde nach Ihnen einen noch günstigeren Preis, weil Sie zu zaghaft verhandelt haben? Studien haben gezeigt: Bei »festen« Preisen fühlen sich Kunden gerechter behandelt und zeigen seltener Kaufreue.

Ein kleines Hotel in Bonn bietet seine Übernachtungen zu einem Festpreis an: Egal, ob gerade Messezeit ist, ob jemand zum ersten Mal zu Gast ist oder für 15 Mitarbeiter ein Zimmer braucht – die Preise sind immer identisch. Das Resultat: Kunden buchen länger im Voraus, da sie wissen, dass die Zimmer während großer Kongresse und Messen ein echtes Schnäppchen sind.

Daher ist es viel geschickter, nicht den Preis, sondern die Leistung zu verändern. Je mehr Komponenten ein Angebot umfasst, umso fantasievoller lässt sich später ein Kompromiss gestalten. Ein Stundensatz für eine Dienstleistung ist eine schlichte Größe: Es gibt die feste Zeiteinheit und einen Preis.

Mehr Verhandlungsspielraum gibt es, wenn ein erwünschtes Ergebnis als Paket geschnürt wird: Da kann die Idee als ein Baustein zählen, Planungs- und Vorbereitungszeit als ein zweiter, die Zeit für Abstimmungen mit dem Kunden, die tatsächliche Durchführung und anderes als weitere. Hat der Verhandlungspartner nun ein Problem mit der Endsumme, weil diese »über seinem Budget« liegt, kann ich ihn fragen, welche der angebotenen Leistungen er gern streichen möchte.

Auch als Angestellte kann ich mit der Leistung spielen: Ist im Augenblick keine Gehaltserhöhung drin, kann ich nachfragen, ob wir dann unter diesen Umständen meinen Vertrag zeitlich korrigieren können. Wir könnten also meine wöchentliche Arbeitszeit reduzieren oder die Zahl der Urlaubstage erhöhen – bei gleichbleibendem Gehalt.

Vorsicht: Arbeitgeber versuchen gern, Mitarbeiter mit höherer Gehaltsforderung mit Weiterbildungsangeboten und Homeoffice-Lösungen abzuspeisen. Beides mag dem Mitarbeiter attraktiv erscheinen – ist aber kein Ersatz für eine leistungsgerechte Bezahlung.

Im Übrigen bietet beides auch dem Arbeitgeber entscheidende Vorteile: Durch die Weiterentwicklung seiner Mitarbeiter erhöht er die Kompetenz und dadurch den Wert des Teams. Arbeiten viele Mitarbeiter regelmäßig im Homeoffice, muss der Arbeitgeber weniger Bürofläche bereithalten und hat auch geringere laufende Kosten.

»Das ist auch ein schönes Thema, nehme ich gern an. Doch lassen Sie uns bitte nochmal beim Thema Gehalt bleiben ...«, wäre mein Vorschlag für eine passenden Überleitung.

Was bin ich wert? Die eigene Bezahlung zu verhandeln, scheint besonders schwierig

Es scheint eine weibliche Spezialität zu sein, Gehalts- und Honorarverhandlungen besonders persönlich zu nehmen. Immer wieder beobachte ich: Wenn wir für andere etwas verhandeln, sind wir viel konsequenter und härter. Eine Klientin ärgerte sich neulich (aber nur ein wenig) über die miese Bezahlung, die sie für einen Vortrag bei einer Veranstaltung bekam. »Ich verstehe das ja«, räumte sie ein, »die haben nur wenig Budget und ich lerne da ja wirklich interessante, mögliche Neukunden kennen.«

Ich stellte ihr eine Testfrage: Mal angenommen, sie hätte zum angefragten Termin keine Zeit. Wer würde ihr aus dem Kollegenkreis einfallen, der dieses Thema ähnlich kompetent wie sie abdecken könnte? Wie würde sie sich fühlen, diesen zu demselben Minihonorar anzufragen? »Ich würde mich ein wenig genieren, so wenig Honorar anbieten zu können. Und ich würde außerdem davon ausgehen, dass der für dieses Geld nicht arbeitet. Und das Argument mit möglichen Neukunden würde ich auch nicht bringen. Ich denke, der ist ohnehin gut gebucht.« Erst jetzt wurde ihr bewusst, dass ihr Auftraggeber sich diese Gedanken bei ihr offensichtlich nicht gemacht hatte.

Manchmal ist es hilfreich, sich vorzustellen, wir sind unsere eigene Agentin und verhandeln nun für unsere »Mandantin«, also für uns selbst, eine angemessene Bezahlung. Unser Blick auf Leistung und Gegenwert wird objektiver. Wir werden mehr herausholen.

Zeigen Sie dem anderen ebenfalls Wertschätzung

»Ich arbeite sehr gern für Sie. Das Team ist großartig, die Arbeit macht mir Spaß. Die Kollegen sind sehr kooperativ und angenehm.« Einstiegssätze dieser Art heben die Laune beim anderen. Wir machen damit klar, dass wir nicht auf dem Absprung sind und sehr wohl wissen, was wir am anderen haben. Gleichzeitig nehmen wir diese Punkte gleich vorweg, und unser Vorgesetzter verwendet es nicht als Verhandlungsargument. Wir sagen, dass wir alle Pluspunkte genau kennen. Und wir wollen dennoch mehr Geld. Mit positivem Feedback machen wir uns als Kraft noch attraktiver: Niemand arbeitet gern mit Meckerern, es macht doch viel mehr Freude, jemanden im Team zu haben, der seine Arbeit liebt. Auch von Immobilienverkäufen weiß man: Lobt der potenzielle Käufer das Objekt bei der Besichtigung, ist der Verkäufer deutlich verhandlungsbereiter.

Lassen Sie sich nicht einlullen

»Damit würden Sie weit mehr verdienen als Ihre Kollegen!« Nicht selten argumentieren Vorgesetzte in dieser oder ähnlicher Form. Besonders dreist: Manche äußern diesen Satz sogar, wenn er ganz offensichtlich überhaupt nicht stimmt (weil sie uns für blöd halten oder zumindest für nicht gut informiert). »Ich weiß zufällig, dass Kollege X das und das verdient«, mag stimmen, würde ich aber nicht so äußern. »Sind Sie da wirklich ganz sicher? Gehaltsabrechnungen, die schon mal offen herumliegen, sprechen da eine ganz andere Sprache.« Damit hätte ich dann zwar Recht, mein Gesprächspartner steht aber als Lügner da (der er ja ist). Keine gute Basis für eine erfolgreiche Verhandlung.

Besser gefällt mir: »Über das Gehalt von Kollegen geht es hier in unserem Gespräch nicht. Wir sprechen über eine angemessene Entlohnung meiner guten Leistung.«

Gern wird auch behauptet, dass derzeit generell keine Gehaltserhöhungen angeboten würden. Auch das muss nicht stimmen.

»Sie sind noch jung, Sie habe ja noch viele Jahre Zeit für Gehaltserhöhungen.« Auch ein solches Argument würde ich sofort vom Tisch wischen. »Heißt das, Sie würden mich besser bezahlen, wenn ich weniger leistete, aber einfach nur älter wäre?« Unmöglich kann ein vernünftig denkender Mensch das bejahen.

Die exakte Formulierung ist wichtig: Weg mit zaghaften Konjunktiven!

In Seminaren bin ich bei Rollenspielen und Übungen immer ganz gespannt darauf, wie ein Proband oder eine Probandin nun exakt den Satz formuliert, in dem er oder sie mehr Geld einfordert. Oft höre ich solche Sätze (und zwar von Männern wie von Frauen):

»Aus diesem Grund wollte ich Sie fragen, ob wir über mein Gehalt sprechen könnten.«

(→ »Na, dann fragen Sie halt!«)

»… deshalb hätte ich gern eine höhere Bezahlung.«

(→ klingt wie die Bestellung einer Portion Eis zum Nachtisch mit extra Schlagsahne)

»Darum bitte ich Sie, über eine Gehaltserhöhung für mich nachzudenken.«

(→ Gut, dass ich sie nicht auszahlen muss, sondern nur mal drüber nachdenken.)

»Deshalb wünsche ich mir eine Gehaltserhöhung.«
(→ gewünscht wird Weihnachten wieder, jetzt haben wir Ostern!)
»Daher würde ich Sie gern um eine Gehaltserhöhung bitten.«
(→ Würden Sie gern, wenn was genau wäre??)

Unsere Körpersprache wirkt noch stärker als unsere Worte

Diese zarten, unsicheren Floskeln werden meist noch begleitet vom unsicheren »Schildkrötenhals«: Kaum sichtbar werden beide Schultern einige Millimeter leicht hochgezogen, der Kopf verschwindet einen Zentimeter tiefer im Halsausschnitt. Gelegentlich werden die Lippen nach dem Aussprechen der Aussage noch leicht gespannt, der Hals spannt mit an. Es sieht so aus, als hätte man gerade etwas sehr Peinliches gesagt.

Wenn ich diese Körpersprache in einer Verhandlung bei meinem Gegenüber beobachte, weiß ich direkt, dass ich praktisch schon gewonnen habe. Meinem Verhandlungspartner ist seine eigene Bitte unangenehm, er hält sie für unverhältnismäßig. Wenn ich meine Position stark vertreten will, würde ich nun ganz einfach streng dreinblicken (nur nicht lächeln!) und nachfragen, warum er das genau möchte – und möglichst lange schweigen. Mit an Sicherheit grenzender Wahrscheinlichkeit wird der andere nervös herumdrucksen und sich um Kopf und Kragen reden. In aller Ruhe könnte ich mir beim Zuhören passende Gegenargumente ausdenken oder auf Zeit spielen.

Viel effektiver bin ich, wenn ich mein Anliegen mit Nachdruck so formuliere, als hielte ich es für das Normalste der Welt, dass ich mehr Geld einfordere. Mein Lieblingssatz:

»Aus diesem Grund halte ich eine Anpassung meines Gehalts auf X Euro für angemessen.«

Das ist klar und deutlich, wir sind kein kleiner Bittsteller, fordern aber auch nicht unverschämt ein. »Ich fordere daher eine Gehaltserhöhung von XY«, klingt weniger geschmeidig und fast ein wenig frech.

Starke Gesten können unsere Aussagen noch weiter bekräftigen

Dieses Gefühl von Angemessenheit kann ich zusätzlich durch meine Körpersprache unterstreichen. Ich halte die linke Hand flach mit der Innenseite nach oben zeigend auf Brusthöhe, deute darauf und beginne mein Ansinnen mit einem Blick in die Vergangenheit:»Vor vier Jahren haben Sie mich zum Gehalt von X eingestellt. Meine vereinbarten Aufgaben waren folgende...«, und ich zähle auf. Nun nehme ich meine rechte Hand und halte sie ein Stück höher. Dann erweitere ich um die Aufgaben, die hinzugekommen sind.»Seitdem habe ich zusätzlich noch dieses und jenes Projekt übernommen, betreue zudem unsere Auszubildenden und wirke in der Abteilung soundso bei diesem Thema mit.« Wenn ich dann schließe mit dem Satz:»Deshalb halte ich eine Anpassung meines Gehalts für angemessen«, klingt das nur logisch. Mein Gegenüber sieht bildlich, dass die unterschiedlichen Höhen beider Hände eine Ungerechtigkeit darstellen.

Wir ahnen es schon: Jedes Gehaltsgespräch ist anstrengend. Deshalb ist es umso wichtiger, dass wir gleich zum Einstieg möglichst hoch starten! Und auch Freiberufler sollten bei Neukunden in Ruhe darüber nachdenken, wie sie ihr erstes Angebot formulieren.

Hören Sie ganz genau hin und haken Sie nach

»Eine Gehaltserhöhung ist im Moment leider überhaupt nicht drin.« Hier wird eine Einschränkung gemacht, die förmlich nach einer Nachfrage schreit:»Was heißt im Moment? Wann können wir wieder über das Thema sprechen?«

Bei einem unbegründeten Nein ohne weiteren Zusatz können wir ebenfalls weiter bohren:

Unter welchen Voraussetzungen können Sie auf meinen Vorschlag eingehen? Was brauchen Sie von mir, um das Okay vom Vorstand (oder Bereichsleiter oder was eben zutrifft) zu bekommen?

Übrigens sollten Sie wissen: Mit einer Erhöhung Ihres Gehalts schenkt Ihnen Ihr Vorgesetzter kein Zugeständnis. Auch er sollte ein Interesse daran haben, mit seiner Arbeit im Haus gesehen und gewürdigt zu werden. Eine Erhöhung seines Budgets für Personalkosten in seinem Bereich bedeutet auch eine Wertschätzung seiner Leistungen. Sie können sich also mit Ihrem Vorgesetzten in einer Gehaltsverhandlung auch verbünden und gemeinsam Argumente für die Verhandlungen eine Etage höher erarbeiten.

Erinnern Sie an die guten Leistungen des Teams, an den Nutzen für das gesamte Unternehmen und dabei natürlich an Ihre spezielle Rolle, die zu diesem Erfolg beigetragen hat. »Wie kann ich Sie unterstützen, dass wir vom Vorstand ein angemessenes Budget für unsere Arbeit eingeräumt bekommen?« Wenn Sie wissen, dass er zu einem bestimmten Abteilungsleiter eines anderen Bereichs ein sticheliges Konkurrenzverhältnis pflegt, könnten Sie auch hier seine Ehre kitzeln: »Ich frage mich schon, warum im Marketing 17 hoch bezahlte Mitarbeiter gebraucht werden, wo doch so viel Arbeit von Agenturen übernommen wird. Finden Sie nicht, dass wir im Vergleich dazu ein wenig kurzgehalten werden?«

Ein niedriger Einstiegspreis kann funktionieren

Allerdings nur, wenn von vorneherein klar ist, dass es sich hierbei um ein zeitlich befristetes Angebot handelt. Wer scharf auf einen bestimmten Job ist und nun den Fuß in die Tür bekommen will in der Hoffnung, nach der Probezeit automatisch mehr zu verdienen, wird sich wundern, wie schwierig eine solche Verhandlung dann später sein kann, es sei denn, es wurde von vorneherein eine Erhöhung nach einem bestimmten Zeitpunkt festgehalten.

Ebenso lässt sich auch eine Bezahlung auf Honorarbasis mit Weitblick aushandeln.

Ein neuer Kunde fragte für die interne Trainingsakademie seines Unternehmens bei mir ein Angebot für rund 20 Trainingstage für das nächste Jahr an. Allerdings ohne Garantie, dass all diese Termine zustande kämen. Ich hatte eine klare Vorstellung davon, was ein Trainingstag von mir wert war, und ließ ihm ein entsprechendes Angebot zukommen. Im mündlichen Gespräch versuchte er, nachzuverhandeln und den Preis zu drücken. Aus seiner Sicht verständlich: Jemand, der eine größere Menge von etwas einkauft, erwartet einen niedrigeren Preis. Eine Beraterin oder Trainerin jedoch, die recht gut ausgebucht ist, hat nur ein begrenztes Quantum an Zeit, das sie verkaufen kann. Bei einem niedrigeren Tagessatz würde ich mich an jedem Tag ärgern, den ich zu diesem Kunden reise. Schließlich wüsste ich, dass ich denselben Tag hätte besser verkaufen können. So etwas motiviert mich nicht.

Im Gespräch äußerte der Personalentwickler ein wichtiges Argument: Er hätte ja noch nie mit mir zusammengearbeitet und wisse daher nicht, ob ich dieses Honorar wert sei. Da sah ich sofort einen Ansatz für eine Variante meines Angebots: Ich äußerte, dass ich das sehr gut verstehen könne, und bot ihm an, ein erstes Training zu einem unschlagbar günstigen Preis durchzuführen. Wenn er mit meiner Leistung zufrieden wäre und die Zusammenarbeit fortsetzen wollte, würde er jedes weitere Seminar dann zu meinen vorgeschlagenen Konditionen buchen. »Sie sind wohl sehr von sich überzeugt!«, meinte er. Ob er das nun spöttisch oder anerkennend meinte, weiß ich nicht genau. Ich vermute aber eher letzteres, denn er ging auf meinen Vorschlag ein, und wir arbeiteten viele Jahre sehr erfolgreich zusammen.

Steter Tropfen höhlt den Stein: Dranbleiben ist wichtig

Ganz selten höre ich, dass ein erster Versuch, das Gehalt zu erhöhen, sofort von Erfolg gekrönt ist. Meist braucht der andere noch ein wenig Zeit zum Nachdenken, Nachrechnen, Nachprüfen und muss sich sicherlich auch noch mit anderen abstimmen. Schließt mein Gegenüber also das Gespräch mit einem »Ich denke darüber nach!«, sollten wir nicht enttäuscht sein. Aber wir sollten einen nächsten Termin nicht unbestimmt lassen. »Prima. Wann wollen wir uns dazu wieder zusammensetzen?«, wäre eine passende Reaktion. Wird das gesamte Thema vom Tisch gewischt, würde ich ebenfalls nach einem nächsten Zeitpunkt fragen. »Wann hat es Sinn, wieder über dieses Thema zu sprechen? Es ist mir wirklich wichtig.«

Wenn es sein muss, wiederholen wir das Spiel alle sechs Monate. Nicht selten geben Chefs dann irgendwann entnervt nach, weil sie einfach nicht wollen, dass wir im Januar schon wieder in der Tür stehen.

Freundliche Hartnäckigkeit ist eine der wichtigsten Charaktereigenschaften einer Überzeugungstäterin. So lange unser Angebot nicht mit einem klaren Ja oder Nein entschieden wurde, heißt es: Ausdauer zeigen! Und selbst bei einer Ablehnung würde ich immer einen neuen Termin verabreden, wann neue Gespräche wieder sinnvoll sind.

> Die Überzeugungstäterin ist hartnäckig
> und beweist einen langen Atem.

Kapitel   zwölf

KRITIK KLAR ÄUSSERN UND ANNEHMEN

Ausgesprochene Kritik ist immer die Chance auf Weiterentwicklung oder Verbesserung

Wenn ich darüber nachdenke, in welchen Momenten ich am meisten dazugelernt habe, so waren das häufig Kritikgespräche, die mich zum Nachdenken brachten und mir ganz neue Horizonte eröffneten. Nicht, dass ich besonders gern kritisiert würde. Wie wohl den meisten Menschen ist es auch mir lieber, ich bekomme Schulterklopfen, Applaus und Anerkennung für das, was ich tue. Will ich mich aber wirklich weiterentwickeln, so hilft es mir sehr zu wissen, welche Wirkung mein Tun auf andere hat. Meinen eigenen Blick kenne ich ja schon.

Auch das Äußern von Kritik bringt uns weiter. Ich kenne einige konfliktscheue Menschen, die teilweise sehr lange Zeit unzufrieden mit einer Situation sind, aber lieber still vor sich hin leiden, bevor sie jemanden darauf ansprechen, was ihnen nicht gefällt. Dabei sollten wir doch wissen: Jeder aufmerksame Mensch spürt ohnehin, dass etwas nicht in Ordnung ist. Ihm nicht zu verraten, was er tun kann, um eine Situation zu verbessern, ist schlicht nicht fair. Ich kenne Beispiele, da wurden Haushaltshilfen ohne weitere Erklärung entlassen, weil diese »nicht sauber genug« geputzt hatten. Aber niemand hatte ihnen davor etwas gesagt.

Und sicherlich kennen Sie auch Männer, die »aus heiterem Himmel« von ihrer Partnerin verlassen wurden, obwohl doch immer alles so toll und harmonisch war. Daraus schließe ich: Viel zu viele Menschen äußern keine Kritik oder wenn, dann so indirekt, dass sie keiner versteht.

Ich will Ihnen in diesem Kapitel zeigen, wie Sie sowohl davon profitieren, Kritik zu erfahren, wie Kritik zu äußern.

Kritik annehmen und daraus lernen

Es erfordert einiges Gespür herauszufinden, wann uns jemand mit Kritik unterstützen oder kleinmachen möchte. Beides ist möglich. Es lohnt sich, genau hinzuhören.

Die Überzeugungstäterin freut sich über konstruktive Kritik.

Den Ball erst mal auffangen

Eine typische Reaktion auf Kritik ist, dass jemand sofort zurückschießt: Entweder mit einer Rechtfertigung, dem Weiterschieben der Schuld auf andere oder mit dem Aufklären eines Missverständnisses. Ein einfaches Beispiel:

»Ich finde, deine Präsentation war zu lang.« Natürlich hat jeder Mensch das Recht, uns dieses Feedback zu geben, und wir können darauf unsere Sicht der Dinge erwidern. Dabei ist es wichtig, dass wir dem anderen das Gefühl geben, dass wir ihm zuhören und ihn – inhaltlich und vielleicht auch menschlich – verstehen wollen. Ist unsere Reaktion ein schnelles »Mag sein, aber unser Chef wollte unbedingt, dass ich noch Thema X und Y mit aufnehme«, wirkt das wenig souverän. Es klingt etwas beleidigt und es schwingt mit: »Du hast nicht Recht.« Oder zumindest: »Du hast ja keine Ahnung. Es gibt gute Gründe, warum die Präsentation so lang war.« Dabei hatte der Kritiker vielleicht wirklich gute Anregungen für mich parat, aus denen ich hätte lernen können. Das erfahre ich aber nur, wenn ich den Ball auffange und weiter nachfrage:

»Schade, dass du das so empfunden hast. Welchen Teil hättest du lieber nicht gehört? Wo hätte ich deiner Meinung nach kürzen sollen?« Jetzt höre ich etwas detaillierter, was der andere meint. »Danke für dein Feedback. Das ist sehr wertvoll für mich.« Anschließend kann ich immer noch ergänzen, welche Gründe ich hatte, die Präsentation so zu konzipieren. Es klingt dann aber nicht mehr eingeschnappt.

Dampf rausnehmen – aber nicht beschimpfen lassen

Wohl jeder von uns hat es schon mal erlebt, dass wir von jemandem in Rage angepöbelt wurden. »Wie kann man nur so dämlich sein? Nichts funktioniert! Das ist doch keine Arbeit, das ist alles Pfusch.« So oder so ähnlich hören sich Menschen an, die nicht gelernt haben, wie man Kritik konstruktiv formuliert, oder die sich nicht im Griff haben. Einen solchen Ton müssen wir uns natürlich nicht bieten lassen – egal, ob wir wirklich einen Fehler gemacht haben oder nicht. Darüber werde ich später noch ausführlicher im Kapitel »Souverän mit Provokationen und Beleidigungen umgehen« eingehen. Nun bringt es überhaupt nichts zurückzubrüllen. Wir kommen auch hier weiter, wenn wir den Ball erst einmal auffangen.

Unser Gegenüber hat offensichtlich einen großen Schmerz und möchte damit wahrgenommen werden. Wir brechen uns keinen Zacken aus der Krone, wenn wir das tun.

»Ich verstehe gut, dass Sie sich ärgern, wenn dies und das nicht funktioniert.« Damit verblüffen und besänftigen wir gleichermaßen. Die Chancen steigen, dass wir gleich in ganz normalem Ton weiterreden können. Besonders dann, wenn jemand einen Pauschalvorwurf nach dem anderen loslässt, gespickt mit Wörtern wie »immer«, »ständig«, »dauernd« oder »nie«, lohnt es sich nachzufragen. »Ich möchte das gern verstehen: Was genau stört Sie hier? Und was hat nicht funktioniert?«

Probieren Sie es einfach mal aus. Ich habe schon ganz oft die Erfahrung gemacht, dass laut Herumschimpfende nur ihrem Ärger Luft machen wollen und dabei gleichzeitig ernst genommen werden möchten.

Wenn ich im Bus jemandem mit meinem Pfennigabsatz auf den nackten Zeh in der Sandale trete, möchte derjenige auch nicht hören: »Der Busfahrer hat so abrupt gebremst!«, sondern eher: »O Gott, dass muss ja schrecklich weh tun. Das tut mir so leid.« Die Schuldfrage muss gar nicht immer geklärt werden. Und wenn doch, dann erst viel später. Ein Bedauern kann man immer äußern, das ist noch längst kein Schuldeingeständnis, für das wir zur Rechenschaft gezogen würden.

Den Kritiker vollständig ausreden lassen

Hat jemand gleich mehrere Punkte, die er an uns kritisieren möchte, ist es eine gute Idee, sich erst einmal sämtliche Kritik in Ruhe anzuhören, bevor wir darauf eingehen. Antworten wir auf jedes einzelne Argument sofort, hat der andere viel zu viel Zeit, sich noch mehr zu überlegen, was ihm nicht passt. Außerdem könnte es sein, dass er sich durch unsere Antworten wiederum nicht ausreichend wahrgenommen fühlt und deshalb im Ton immer schärfer wird. Wir entwaffnen und überraschen ihn, wenn wir uns ganz ruhig hinsetzen und am besten sogar noch Stichworte notieren, was ihm alles nicht gefällt.

Das Lustige: Nach wenigen Punkten fällt dem anderen nichts mehr ein. Er hat ja gar nicht damit gerechnet, so viel Raum für seine Kritik zu bekommen. Nach drei Sekunden Pause können wir nun in aller Ruhe antworten. Und dürfen auch für uns in Anspruch nehmen, nun ausreden zu dürfen.

Konkrete Kritik einfordern

Manchmal sehen wir schon am Gesichtsausdruck, dass jemand nicht ganz so begeistert von unserer Leistung war. Ich weiß, dass das Feedback von einigen Mitmenschen sehr wertvoll für mich ist. Ich schätze ihre Beobachtungsgabe sehr und lege Wert auf ihre Meinung. Gleichzeitig kann ich nicht automatisch davon ausgehen, dass ich auf eine allgemein formulierte Frage à la »Wie war ich?«, eine gute Antwort bekomme.

Ich habe die Erfahrung gemacht, dass ich viel konkretere Hinweise erhalte, wenn ich möglichst präzise nachfrage. Also nicht: »Wie war mein Vortrag?«, sondern eher »Was ist dir zu meiner Stimme und zu meinem Sprechtempo aufgefallen?« oder »Wie hat dir die Struktur des Vortrags gefallen?«. Bei einer allzu allgemeinen Frage erfahre ich eher, welche Probleme der andere selbst bei Vorträgen hat und weshalb er genau deshalb auf diese Dinge bei anderen achtet.

Übernehmen Sie nicht die Verantwortung
für alle Launen dieser Welt

Kennen Sie diese Szene? Eine Kollegin oder Kollege (gern in höherer Funktion) stapft wütend durchs Büro, schneidet leidende Grimassen und seufzt lautstark vor sich hin. Nun gibt es immer wieder Menschen, die sich hierfür sofort zuständig fühlen. Im privaten Kontext bohren sie dann: »Schatz, was hast du? Sag doch!« Auch im Beruf können sie es nicht aushalten, den Grund für die miese Laune des anderen nicht zu kennen: »Was habe ich falsch gemacht?«, wird entweder gedacht oder gefragt.

Wer sagt denn, dass wir schuld sind? Mit einer solchen Frage machen wir uns unnötig klein und zeigen eine Opferhaltung, die förmlich dazu einlädt, dass man uns für etwas verantwortlich macht. Viel besser gefällt mir der Ansatz, den Griesgram mit einem positiven Dreh anzusprechen. Wir könnten denjenigen anstrahlen und fröhlich äußern: »Guten Morgen, Herr Maier! Was könnte heute zu Ihrer guten Laune beitragen?!« Hier schwingt nicht das geringste schlechte Gewissen mit, wir könnten etwas mit der Unzufriedenheit zu tun zu haben. Und wir spiegeln dem anderen: »Hey, man merkt dir an, dass du miese Laune hast. Lass es nicht an mir aus. Überleg dir lieber, was dich wieder heiter stimmt.«

Die Überzeugungstäterin trägt einen Neoprenanzug, an dem aggressive Bemerkungen einfach abperlen.

Kritik äußern

Es gibt unterschiedliche Gründe, Kritik zu äußern: Wir wollen Dampf ablassen, ehrlich unsere Meinung sagen, eine Veränderung oder Verbesserung für die Zukunft erwirken und so das Verhalten des anderen ändern. All diese Motive sind legitim. Ein Kritikgespräch ist aber nicht für jeden dieser Fälle die richtige Lösung. Ich möchte an einigen Beispielen aufzeigen, wie wir mit unserer Unzufriedenheit in unterschiedlichen Situationen am besten umgehen.

Die Überzeugungstäterin löffelt keine lauwarme Suppe zu Ende. Sie sagt, dass sie gern eine heißere Suppe hätte.

Das klärende Gespräch mit dem Chef oder mit der Chefin

»Wie? Ich soll meinen Chef kritisieren?«, fragte mich kürzlich eine Klientin ungläubig in einem Seminar. »Warum nicht? Wie soll er ahnen, dass Sie mit Ihrem Job und insbesondere mit der Aufgabenaufteilung im Team aktuell unzufrieden sind? Es kommt immer auf den richtigen Ton an.«

Wir spielten ein mögliches Gespräch einmal beispielhaft durch und ließen die anderen Seminarteilnehmer beim Zuhören in die Chefrolle schlüpfen. Ich fragte, wie die Formulierung der Kritik denn auf sie wirkte. Sinngemäß war die vorgeschlagene Gesprächsdramaturgie die folgende:

»Schön, dass wir Zeit für dieses Gespräch haben.«

(Einem Vorgesetzten könnte ich auch sagen: Danke, dass Sie sich Zeit für mich nehmen. Bin ich selbst die Chefin, passt dieser Satz nicht gegenüber Mitarbeitern.)

»Ich finde es wirklich gut, dass die Kommunikation in unserem Team stimmt. Mein Eindruck ist, dass wir alle sehr offen miteinander umgehen. Das schätze ich sehr.«

(Ein positiver Einstieg ist ja immer gut. Nur bitte nicht den Chef von oben herab für seinen Job loben. Das steht uns nicht zu. Also bitte nicht: »Ganz toll, wie Sie den neuen Prozess so schnell umgesetzt haben.« Das könnte ein wenig überheblich oder aber auch anbiedernd klingen.)

Nun fuhr unsere Probandin fort:

»Was mir nicht gut gefällt ist, wie Sie die Arbeit im Team aufteilen. Hier werden einige bevorzugt, andere bekommen immer zu viel aufgeladen. Außerdem fühle ich mich nicht wohl in der Rolle, dem Kollegen, der exakt so viel Erfahrung hat wie ich, in zwei Projekten zuzuarbeiten, als wäre ich seine Assistenz.«

Das klingt erst mal ehrlich, ja. Doch es ist auch ein Vorwurf, der da mitschwingt. »Sie führen nicht richtig. Und Sie haben die Verteilung der Aufgaben nicht im Blick.«

Ich fragte die Gruppe, welchen Eindruck sie von einer Mitarbeiterin hätten, die so argumentiert.

»Unzufrieden.« – »Demotiviert.« – »Auf dem Absprung.« – »Meckerig.« – »Denkt, sie könne besser führen.«

Alles nicht sehr hilfreiche Eindrücke in diesem Zusammenhang!

Wir probierten etwas anderes aus. Nämlich: Gar nicht über die Vergangenheit sprechen, sondern ausschließlich über die Zukunft. Denn wir können ja ohnehin nicht mehr ändern, wie die letzten Wochen gelaufen sind.

Wie stellen wir uns die künftige Situation im Idealfall vor? Das formulieren wir ganz ohne »möchte gern«, »würde«, »irgendwie« und Konjunktive, etwa so:

»Ich habe mir in letzter Zeit einige Gedanken gemacht, wie wir unsere Ergebnisse im Team noch steigern können. Ich halte es für möglich, dass ich etwa 20 Prozent meiner Arbeitszeit einsparen kann, wenn wir meine Aufgaben noch klarer abgrenzen. Wenn also mein Kollege und ich nicht beide an Projekt A und B arbeiten, sondern wenn ich A allein mache und meine Ergebnisse direkt an Sie übergebe.«

Wie klingt eine Mitarbeiterin, die so spricht?

»Konstruktiv.« – »Hungrig.« – »Zerbricht sich meinen Kopf.« – »Denkt ergebnisorientiert.«

Keine Spur von Meckerigkeit!

Probieren Sie es einmal privat aus und maulen Sie Ihre Familie nicht an, was diese alles herumliegen lassen, sondern beschreiben Sie mal bildlich, wie wohnlich und wunderschön alles aussieht, wenn die Dinge an ihrem Platz sind. Und jetzt sagen Sie noch dazu, wie Sie aussehen und wirken werden, wenn Sie so glücklich sind. Da hat man doch direkt Lust, Ihnen zu diesem Gefühl zu verhelfen! »Räum deine Schuhe in den Schrank, ich habe keine Lust mehr, da dauernd drüber zu fallen« hingegen senkt die allgemeine Stimmung und führt möglicherweise zu einer Trotzreaktion: »Ich wohne auch hier, und ich stelle meine Schuhe dorthin, wo ich will.«

Einen Kollegen auf Augenhöhe oder einen Mitarbeiter kritisieren

In vielen Unternehmen werden Aufgaben durch Projektteams erledigt. Hier gibt es dann einen Projektleiter oder eine Projektleiterin, die alle Mitwirkenden koordiniert und das Ergebnis im Blick hat. Er oder sie hat aber gegenüber den anderen keine Weisungsbefugnis und kann nicht einfach sagen: »Du machst das jetzt so, weil ich das sage. Basta.« Auch wenn wir Chefin sind, klingt eine solche Aussage hilflos.

Fingerspitzengefühl ist in jeder Konstellation angesagt! Gleichzeitig müssen wir auch klare Ansagen machen, damit die Zusammenarbeit gut funktionieren kann. Der Ablauf eines effektiven Kritikgesprächs ist bei Kollegen oder Mitarbeitern gleich:

Eine offene Frage stellen: Vielleicht erübrigt sich unsere Kritik

Beginne ich das Gespräch damit, dass ich nur das Thema benenne und dann erst mal den anderen erzählen lasse, kann ich vorfühlen, ob derjenige ohnehin ein schlechtes Gewissen hat, weil etwas nicht geklappt hat oder ob er gar keinen Begriff davon hat, dass ich verärgert bin und worüber ich sprechen will: »Ich möchte heute mit Ihnen über unsere aktuelle Ausgabe der Mitarbeiterzeitung sprechen. Wie haben Sie denn unsere Zusammenarbeit empfunden?«.

Mit viel Glück räumt der andere nun sofort seine Fehler und Versäumnisse ein. Wir können die Kritik dann direkt überspringen und sofort damit anfangen, über zukünftige Verbesserungen zu sprechen. Ist der andere ahnungslos oder reicht mir seine Einsicht nicht, spreche ich klar an, was mir nicht gefällt.

In jedem Kritikgespräch halte ich es für eine gute Idee, mit Wertschätzung zu beginnen. So weiß der andere: Wir respektieren uns, grundsätzlich passt alles. Natürlich muss dieser positive Start zu 100 Prozent ehrlich gemeint sein und sollte auch zum Kontext passen. Also nicht: »Coole Schuhe. Doch nun zu Ihrer Arbeit.« Lieber: »Das gefällt mir an der Zusammenarbeit mit dir gut.« Wenn der andere sich nun schon innerlich duckt, weil er nach dieser Einleitung ein großes »Aber« erwartet, zeigt das nur eins: Wir loben zu selten! Äußern wir positives Feedback ausschließlich dann, wenn wir hinterher kritisieren, ist die Wertschätzung nichts mehr wert. Im Gegenteil: Sie ist eng verknüpft mit dem Gedanken an ein negatives Gespräch. Wir sollten unsere Mitmenschen mindestens fünfmal so häufig loben, wie wir sie kritisieren. Finden wir nichts Positives, liegt das fast immer an uns und nicht am anderen.

Dieser positive Start hat zwei Effekte: Sie geben dem anderen ein gutes Grundgefühl und uns selbst auch! Natürlich haben wir, wie jeder Mensch, ein gewisses Harmoniebedürfnis. Ich habe beobachtet: Wenn jemand zunächst positives Feedback gibt, traut er sich hinterher, die Kritik klarer und in der nötigen Strenge zu formulieren, so dass die Botschaft auch ankommt. Lassen wir den freundlichen Einstieg sein, wird die Kritik gern mal schwammig: »Irgendwie gefällt es mir nicht ganz so gut, wie Sie diese Tabellen anfertigen. Ich würde mir schon wünschen, dass Sie diese ein wenig übersichtlicher und genauer machen.«

Umlenken auf den Kritikpunkt ohne das Wort »aber«

Auf die wertschätzende Einleitung folgt die vernünftige Überleitung auf den konkreten Kritikpunkt.

Das Wort »aber« können wir für Gespräche dieser Art aus unserem Wortschatz streichen. Meist lenken wir mit diesem Bindewort die Aufmerksamkeit auf die Aussage, die nach dem »aber« kommt. Sagen wir etwas Freundliches und lassen darauf eine Kritik folgen, macht das »Aber« den ersten Teil unserer Aussage kaputt. »Deine Art, wie du Meetings moderierst, finde ich klasse. **Aber** wenn keiner ein Protokoll schreibt, geht viel zu viel verloren.« Der Fokus liegt auf dem Protokoll, der Kritisierte wird sich wohl hierzu gleich rechtfertigen.

»Deine E-Mail hast du gut formuliert, aber den Mittelteil mit der Erklärung habe ich nicht verstanden.« Wenn wir Pech haben, wirkt unser Lob vor dem »aber« sogar noch ironisch. Privat wollen wir so etwas auch nicht hören. »Schatz, ich liebe dich, aber …« ist kein guter Start in einen romantischen Abend.

Ersetzen wir das »Aber« durch ein »Und«, bleiben beide Aussagen gleichrangig nebeneinanderstehen. Das soeben formulierte Lob wirkt stärker.

Kritisiere ich jemanden, mag ich es sehr gern, die wertschätzende Aussage am Anfang eher umfassend und allgemein zu formulieren, den Kritikpunkt dann sehr konkret. »An deinen Konzepten gefällt mir sehr gut, dass du an so viele Aspekte denkst und diese genau ausführst. In diesem konkreten Beispiel stört es mich, dass die Hinweise auf die nächsten Arbeitsschritte meiner Meinung nach nicht deutlich genug sind.« Hier fällt es doch leicht, mit einem Okay verständnisvoll einzulenken und den Kritikpunkt anzunehmen.

Bleiben Sie ganz bei sich – die Zauberwirkung von Ich-Botschaften

»Du bist unzuverlässig!« Mit einer solchen Aussage geben wir unserem Gesprächspartner einen Stempel, der sich nicht mehr so leicht abwaschen lässt. Warum sollte er an seinem Verhalten etwas ändern? Er gilt halt nun mal als unzuverlässig, da kann er machen, was er will. Für besonders gefährlich halte ich solche »Du bist«-Aussagen bei Kindern. Sie brennen sich als Glaubenssätze im Gedächtnis ein und halten Menschen möglicherweise ein Leben lang davon ab, sich für Naturwissenschaften zu interessieren: »Du bist eben eher sprachlich begabt.«

Beschränken Sie sich in Ihrer Kritik auf das, was Sie wahrnehmen und wie das bei Ihnen ankommt. »Wir hatten verabredet, dass Sie mir den Text bis Dienstag schicken. Heute ist Freitag und ich habe noch nichts bekommen. Das bringt mich in Schwierigkeiten, weil der Vorstand von mir das fertige Konzept bis Montag braucht.«

Zitieren Sie keine Abwesenden

»Die anderen finden auch, dass Ihre Unterlagen immer sehr spät kommen.« Mal ganz abgesehen von diesem grässlichen Wort »immer« ist die Zuhilfenahme von anonymen Unterstützern überhaupt nicht konstruktiv. Will ich das Teamgefühl in zehn Sekunden ruinieren, gelingt es mir mit genau diesem Satz. Es ist doch klar, dass der »Angeklagte« nun mit wenig Begeisterung an seinen Arbeitsplatz zurückkehren wird und alle misstrauisch mustert mit dem Gedanken: »Wer von euch sind diese Verräter, die hinter meinem Rücken schlecht über meine Arbeit sprechen?«

Selbst wenn Sie wissen, dass Sie nicht die Einzige sind, die das Verhalten stört: Behalten Sie es besser für sich, dass es noch andere Unzufriedene gibt. Nur wenn mein Gegenüber von sich aus zur Sprache bringt, dass doch »alle anderen« das anders sehen, würde ich das in Frage stellen. »Da wäre ich mir nicht so sicher. Wir können sie ja mal fragen.«

Die Überzeugungstäterin spricht, wenn sie Kritik übt,
von sich selbst und nicht von anderen. Sie äußert ihren Eindruck
und zwingt dem anderen keinen Stempel auf.

Bitte liefern Sie ein aktuelles, ganz konkretes Beispiel

Tabu sind in einem Kritikgespräch Verallgemeinerungen wie »immer«, »ständig«, »dauernd«, »alle«, »nie«. Holen Sie auch keine ollen Kamellen hervor: »Schon vor sieben Jahren haben Sie …« Auch wenn Sie sich davor schon häufiger geärgert haben, das aber noch nie geäußert haben, sollten Sie sich auf ein aktuelles Beispiel konzentrieren. Es wäre schließlich in Ihrer Verantwortung gewesen, schon früher etwas zu sagen. Alles, was älter ist als eine oder zwei Wochen, würde ich stecken lassen.

Was ist Ihr Ziel? Worum geht es Ihnen in diesem Gespräch?

Wenn Sie nun Ihre Kritik klar geäußert haben, schieben Sie am besten sofort im nächsten Satz hinterher, worum es Ihnen hier geht. »Mir ist wichtig, dass wir eine solche Situation künftig vermeiden. Haben Sie eine Idee, wie das gelingen kann?«

Schweigen Sie nach Ihrer Kritik, hören Sie garantiert eine längere Rechtfertigung. Es geht hier aber nicht um die Klärung einer Schuldfrage, sondern um eine schlaue Lösung für die Zukunft.

»Mir ist wichtig, dass wir unsere zugesagten Liefertermine gegenüber unseren Kunden einhalten.«

Nun ist Schweigen angesagt, der andere ist dran. Hören Sie so lange zu, bis ein akzeptabler Lösungsvorschlag kommt.

Besonders konstruktiv finde ich auch das Hilfsangebot: »Was brauchen Sie, damit Sie Ihre Textbeiträge künftig pünktlich liefern können?«

Am Ende braucht es eine verbindliche Vereinbarung

Sie haben nun eine Lösung gefunden, wie es weitergeht. Möglicherweise geht es ja um eine ganz grundsätzliche Veränderung der Arbeitsweise ohne einen konkreten Termin. Auch für diese Fälle würde ich schon jetzt einen Zeitpunkt benennen, wann man sich wieder zusammensetzt, um eine Zwischenbilanz zu ziehen. »Ich schlage vor, wir machen das jetzt so, und unterhalten uns Ende April noch einmal, wie gut es klappt.« Ohne diesen nächsten Termin liegt keine Kraft in der Verabredung. Unser Gesprächspartner könnte den Eindruck haben: »Ob ich das nun so mache oder nicht, merkt eh keiner.«

Die Überzeugungstäterin beendet kein Kritikgespräch ohne eine feste Vereinbarung.

Kapitel dreizehn

SOUVERÄN MIT PROVOKATIONEN UND BELEIDIGUNGEN UMGEHEN

Schlechtes Benehmen gibt es nun mal

In der Geschäftswelt wie auch im Privaten haben wir es nicht immer mit freundlichen, wertschätzenden Menschen zu tun, die sich genau überlegen, was sie sagen. Da fallen schon mal Äußerungen, die uns verletzen oder wenigstens stark irritieren. Was hat der andere nur damit gemeint? Was bezweckt er? Und: Wie reagiere ich am besten auf diesen Spruch?

> Die Überzeugungstäterin ist nicht schnell beleidigt.
> Sie hört aus Provokationen heraus, wenn sie nicht
> gegen sie als Person gerichtet sind.

Ich denke, wir müssen hier grundlegend unterscheiden, wie ein provokanter Satz gemeint sein kann und wie wir die Person in diesem Moment bewerten sollen, wenn sie ihn sagt.

Der Unbedachte

Erschreckend viele Menschen plappern einfach so drauflos, ohne großartig nachzudenken. Sie scheinen Sprechpausen nicht gut aushalten zu können und kommentieren alles, was sie sehen und hören. Kein Wunder, wenn ihnen dann schon mal etwas herausrutscht, was unangemessen ist und andere verletzt.

Auf einem Klassentreffen standen wir mit einer kleinen Gruppe zusammen und ein Mitschüler erzählte uns von einer schlimmen Krankheit, die auch die Ursache für seinen dickeren Bauch war. Ein unbedachtes Plappermaul gesellte sich zu uns und bevor sie auch nur einen Halbsatz zuhörte, boxte sie dem Erzähler leicht auf den Bauch: »Na, du warst auch schon mal schlanker!«

Fazit: Von derartigen unbedachten Plappermäulern sollten wir uns nicht verletzt fühlen, sie wollten uns gar nicht treffen. Wir sollten sie dennoch gelegentlich beiseite nehmen und ihnen mitteilen, was sie mit ihrem unbedachten Gerede angerichtet haben. Möglicherweise besteht die Chance, dass sie dazulernen.

Der Witzbold

Er begann seine Karriere meist schon ganz früh als »Klassenclown« und denkt aus irgendwelchen Gründen, er fände nur Beachtung, wenn er Witze macht. Besonders beliebt sind Witze über andere, in denen er gern kleine Schwächen oder Besonderheiten scharfzüngig kommentiert. Dabei beschränkt er sich nicht auf einzelne Personen, er verunglimpft gern auch ganze Personengruppen. Blondinenwitze kommen typischerweise aus seinem Mund.

Fazit: Wir sind wieder nicht gemeint. Macht der Witzbold Scherze über uns, war nur gerade niemand anderer da. Entweder ignorieren wir die dummen Sprüche, oder wir versuchen, einen viel besseren Witz hinterher zu schieben.

Auch eine schöne Antwort: »Wenn das der Versuch eines Witzes gewesen sein sollte, empfehle ich: weiterüben!«

Der Narzisst

Selbstverliebt und egozentrisch braucht er ständig Bestätigung. Wie ein Süchtiger ergreift er gierig jede Gelegenheit, sich selbst in den Mittelpunkt zu stellen, koste es, was es wolle. Kann er gerade nicht durch Leistung punkten, erhöht er sich selbst, indem er andere kleinmacht.

Fazit: Auch der Narzisst meint nicht uns. Wir sind nur zufällig gerade in seiner Nähe, und er tritt uns mit Füßen, um selbst höher dazustehen. Wenn wir Kontra geben, sucht er sich vielleicht beim nächsten Mal ein einfacheres Opfer.

Der Pitbull

Ein hochaggressiver Kampfhund, der darauf programmiert ist, seine Gegner fertig zu machen. Vermutlich hatte er eine schwere Kindheit und musste immer hart kämpfen, um seine Ziele zu erreichen. Er hat offenbar selbst immer Aggressivität erfahren und noch nicht herausgefunden, dass es auch anders geht.

Fazit: Auch er meint nicht uns. Wir werden ihn wohl nicht zum freundlichen Familienhund umerziehen. Doch konsequente Strenge gepaart mit Freundlichkeit als Belohnung für gutes Benehmen könnten auf lange Sicht etwas bewirken.

Die Hornisse

Sie ist im Grunde genommen harmlos, wehrt sich aber mit extrem giftigen Stichen, wenn sie ihr Nest verteidigt. Aggressiv ist sie also nur, wenn sie selbst Angst hat. Diese Angst kann durch einen realen Angriff, aber auch durch ein Missverständnis entstehen: Vielleicht fühlte sie sich selbst (oder das, was ihr wichtig ist) angegriffen und schlägt nun zurück.

Fazit: Ob jemand ängstlich und deshalb aggressiv uns gegenüber ist, erfahren wir am ehesten, indem wir Fragen stellen. So können wir Missverständnisse klären und die Wogen wieder glätten. Haben wir selbst damit angefangen, böse Pfeile in ihre Richtung zu schießen, brauchen wir uns über die Reaktion nicht zu wundern.

Unser strategischer Feind

Als Einziger der Genannten meint er mit seinen Provokationen und Beleidigungen uns. Aber auch nicht uns als Person, sondern unsere Rolle. Er verteidigt sein Revier und möchte mit seinen strategischen Zielen weiterkommen – wir sind ihm dabei im Weg.

Fazit: Ihm müssen wir unbedingt Paroli bieten und uns selbst stets gut vorbereiten. Für jede Sitzung, in der auch er dabei ist, sollten wir Munition gegen ihn in der Tasche haben, falls wir sie brauchen. Wir sollten uns mit strategisch gewählten Partnern zusammentun, damit wir unsere Position stärken, denn er tut das auch.

Betrachten wir diese sechs verschiedenen Provokationstypen genauer, erkennen wir, dass wir in den meisten Fällen nicht persönlich gemeint sind. Es besteht also kein Grund, wütend oder traurig den Rückzug anzutreten. Boshaftigkeiten zu ignorieren oder schlagfertig zu kontern, passt viel besser. Ich zeige Ihnen hier einige Beispiele möglicher Reaktionen.

Die Überzeugungstäterin hat immer eine schlagfertige Antwort in der Handtasche.

SÄTZE FÜR DIE HANDTASCHE

Wie wir ganz schlagfertig kontern können, wenn uns mal jemand provoziert

Haben Sie immer die passenden Worte parat? Kontern Sie immer blitz-schnell, wohlüberlegt, klug und mit Wortwitz? Ich persönlich kenne niemanden, dem das immer gelingt. Auch wenn mir selbst oft Schlag-fertigkeit als Fähigkeit attestiert wird: Es gibt Momente, da fällt mir beim besten Willen nichts mehr ein. Da kann und will ich nicht mehr witzig sein und mich nur noch zurückziehen. Weil ich mich zu sehr über etwas ärgere oder weil ich gerade insgesamt angeschlagen und empfindlich bin.

Doch Schlagfertigkeit ist nach meiner Erfahrung reine Übungssache: Wer sich öfter mal traut, etwas zu kontern, wird in seinen verbalen Re-aktionen immer sicherer. Außerdem gibt es Provokationen, die sich als Muster ständig wiederholen. Man braucht nur eine kleine Handvoll vorbereiteter Sätze in der Handtasche: Einer davon passt garantiert!

Ich habe hier einige mögliche Provokationen gesammelt und schnel-le Antwortsätze für Sie vorbereitet. Sie können sich ja diejenigen he-rauspicken, die Ihnen gut gefallen. Übrigens, bevor Sie nun diese Sätze lesen und denken, ich hätte eine schlechte Meinung von Männern: Die Provokationen und Beleidigungen, die Sie gleich lesen werden, habe ich mir nicht ausgedacht. Es handelt sich um eine Sammlung von Bei-spielen, die mir in über 50 Seminaren zu diesem Thema von Frauen erzählt wurden und sie stammen keineswegs aus dem letzten Jahrhun-dert, sondern wurden mitten im Zeitalter einer aktiven MeToo-Debat-te von Chefs und Kollegen geäußert.

Rückfragen stellen

Wer beim Tennis jeden Ball immer gleich Volley zurückschlagen will, macht schneller einen Fehler. Nehmen Sie sich Zeit! Fangen Sie erst mal auf, was Sie da hören. Und geben Sie dann ganz gezielt eine passende Frage oder Antwort zurück.

Mit einer Rückfrage gewinnen wir erst mal Zeit und zeigen, dass wir uns gar nicht ärgern lassen und nicht aus der Ruhe zu bringen sind. »Definieren Sie doch mal bitte Emanze« oder »Ich würde das gern besser verstehen. Was genau erscheint Ihnen hier idiotisch?« Ganz nebenbei gewinnen wir Zeit und können uns überlegen, wie wir mit im nächsten Schritt weitermachen.

Bedingte Zustimmung

Präsentieren wir eine Idee, kommen gern schon mal die bekannten Killerphrasen: »Das haben wir noch nie so gemacht.« »Das kann gar nicht funktionieren.« »So etwas braucht kein Mensch.« Oder »Viel zu teuer.«

Schießen wir nun zurück »Das stimmt nicht!«, sagen wir dem anderen, dass er nicht recht hat. Das können manche überhaupt nicht auf sich sitzen lassen und beharren nun immer stärker auf ihren Argumenten. Irgendwann schaukeln wir uns dann hoch zu einem völlig sinnlosen Nein-doch-Dialog. Das können wir ganz elegant umgehen, indem wir dem anderen zunächst scheinbar recht geben, dann aber um unser viel wichtigeres Argument ergänzen:

»Zu teuer? Genau so haben wir das zunächst auch gesehen. Dann haben wir alles nochmal genau nachgerechnet und herausgefunden ...«

Referenzen zitieren

Wir können auch, wenn wir eine parat haben, mit einer berühmten Referenz eines ganz anderen Unternehmens argumentieren.

Auf den Satz »*Das haben wir noch nie gemacht!*«, könnten wir antworten:

»Genau dies war auch das Argument einiger im Hause Apple, als die strategische Entscheidung im Raum stand, zusätzlich zum Computermarkt auch Handys zu produzieren.«

»*Das braucht kein Mensch!*«

»Wussten Sie, dass Sony vor Einführung des Walkmans eine Kundenbefragung durchführte bei der herauskam, dass Menschen nicht mobil Musik hören wollen. Man kann sich in seiner Einschätzung hier sehr täuschen.«

Provozierende geschlossene Fragen möglichst kurz beantworten

Eine geschlossene Frage kann mit Ja oder Nein beantwortet werden. Völlig unnötig, dann noch einen minutenlangen Monolog der Verteidigung hinterher zu schieben. Damit begeben wir uns nur in die Defensive und machen uns selbst schwach.

»*Haben Sie das überhaupt schon mal gemacht?*«

Ja. Oder nein.

Auf keinen Fall sagen: »Nicht so direkt, ich hatte aber schon mal ein ähnliches Projekt, da habe ich ... und da konnte ich auch meine Fähigkeiten ... und ich kann das dennoch.«

»*Na, geht's jetzt wieder mit den Kindern ins Schwimmbad?*«

Keinesfalls rechtfertigen mit Sätzen wie »Jetzt beginnt meine zweite Schicht.« Oder »Ich war immerhin schon um 7 Uhr morgens da.« Lieber ironisch einen draufsetzen:

»Ganz genau. Aber vorher gehe ich noch eine Runde Golf spielen.«

»Gehst du etwa jetzt schon nach Hause?«

»Du, ich kann dir da einige sehr gute Seminare empfehlen zum Thema Effizienz.«

Genervte, dumme Sprüche

»Jetzt kommen Sie schon wieder mit Ihrem Thema!«
Jetzt nur nicht die Laune verlieren! Werden wir patzig, ist das nicht zielführend. Der andere ärgert sich vermutlich, wenn er uns nicht verunsichern konnte. Also bleiben wir freundlich und strahlend und antworten so etwas wie:

»Wichtige Themen kommen immer wieder, wie die Sonne am Morgen.«

»Wenn wir das Thema jetzt angehen, muss ich Sie künftig nicht mehr damit behelligen.«

»Wenn ein Thema verstanden wurde, muss man es nicht mehr benennen.«

»Das ist zu technisch für Sie.«

»Lassen wir es auf einen Versuch ankommen.«

Manche liefern uns in ihren Formulierungen eine Steilvorlage für eine freche Antwort. Es gibt Menschen, die »wir« sagen, wenn sie doch »Sie« meinen, wie Ärzte, die fragen »Wie geht es uns heute?«

Fragt uns also jemand: *»Na, sind **wir** heute schlecht gelaunt?«* oder *»Sind **wir** heute empfindlich?«*, muss ich doch einfach kontern: »Oh, das tut mir leid. **Sie** und wer noch?«

Sexistische Bemerkungen und Beleidigungen die Weiblichkeit

Scheinbare Beleidigungen können wir versuchen umzudrehen und als Kompliment zu verstehen.

»So etwas kann ja nur von einer Frau kommen!«

»Danke. Stimmt!«

»Das ist ja wohl mal wieder typisch Frau.«

»Danke! Schön, dass Sie sofort erkennen, wie intelligent das Konzept ist.«

Oder wir nehmen ganz wörtlich auf, was wir hören, und kontern entsprechend zurück:

»Nicht schlecht gemacht, für eine Frau!«

»Nicht schlecht erkannt, für einen Mann.«

So etwas empfehle ich aber nur für ironische Sticheleien. Wir sollten uns nicht auf das Niveau von Kraftausdrücken oder Tritten unter die Gürtellinie begeben, auch wenn unser Gegenüber so arbeitet.

»Ah, du trägst Lippenstift. Hast du gleich einen Termin beim Chef?«, sagte ein männlicher Kollege einmal zu einer Kundin.

»Wie kommst du darauf? Weil du selbst immer Lippenstift trägst, wenn du zum Chef gehst?«

Zu manchem muss man auch gar nicht viel sagen, eine starke Mimik reicht schon beinahe. Was auf ganz viele Sprüche passt, ist diese Reaktion. Etwa auf eine Aussage wie:

»Sie sind ja doch nur eine Quotenfrau.«

Ernsthaft gucken (nicht lachen!), dem anderen tief in die Augen sehen, eine Augenbraue hochziehen, lächeln und fragen: »Angst?!?«

Machowitze oder richtig dumme Sprüche unter der Gürtellinie à la:

»Die hat sich wohl hochgeschlafen.«

»Das macht jetzt 50 Euro in die Machokasse.« (nur in harmloseren Fällen)

»Merkste selber, oder?!« (auch nur in harmlosen Fällen) oder sonst:

»Ich schlage vor, diesen Satz wiederholen Sie gleich noch einmal vor unserem Betriebsrat.«

Soll eine Aufgabe an Ihnen vorbei verteilt werden, etwa mit einem solchen Spruch:

»Das ist nichts für eine Frau. Da wäre mir ein Mann lieber«,

können Sie ganz böse antworten (vorausgesetzt, es handelt sich nicht gerade um Chef oder Kunden, sondern um einen Kollegen):

»Das finde ich toll, dass Sie sich outen. Da kann man doch heutzutage ganz offen drüber sprechen, wenn einem Mann Männer lieber sind.«

Will ich nicht ganz so frech sein, kann ich ein wenig zurück provozieren:

»Seien Sie doch einmal ganz todesmutig und vertrauen Sie einer Frau. Sie schaffen das!«

»Sie haben wohl Ihre Tage.«

Wenn dieser Satz vom Vorgesetzten kommt, können Sie sagen: »Seien Sie froh!«

Bei allen anderen passt auch: »Das würde dann bedeuten, dass mein Hormonspiegel sich Ihrem nähert und wir uns für ein paar Tage ähnlicher werden.«

»Ich hätte nicht erwartet, dass Sie als Frau…«

»Willkommen im 21. Jahrhundert. Meine Empfehlung: Überarbeiten Sie Ihre Erwartungen.«

»Das kannst du eh nicht.«

»Wir werden es sehen. Die letzten 37 Male hat es ganz gut geklappt.«

»Hast du Angst vor starken Frauen?«

Fiese, persönliche Beleidigungen und Kompetenz anzweifeln

»Ich habe schon lange nicht mehr so eine Scheiße gesehen.«

»Definieren Sie *Scheiße*.«

Oder:

»Darf ich Sie an dieser Stelle an unsere Werte erinnern? Ich denke, mit Respekt oder Wertschätzung hat das gerade nichts zu tun.«

»Das ist ja grottenschlecht.«

»Es steht Ihnen völlig frei, dies so zu sehen.« Dann: Kopfschütteln, weitermachen!

»Dieses Projekt ist wohl eine Nummer zu groß für Sie.«

Ich vermute das Beste im Menschen und gehe davon aus, dass er sich Gedanken um meine Arbeitslast macht. Also antworte ich mit leicht ironischem Unterton:

»Das ist ganz rührend, dass Sie sich Sorgen um mich machen. Ich kann Ihnen versichern, das ist völlig unbegründet.«

Frecher ist diese Antwort – würde ich nicht gerade beim Chef anbringen, aber durchaus bei Kollegen auf derselben Hierarchiestufe:

»Ich glaube, ich muss mich zu sehr bücken, wenn ich auf dieses Niveau eingehen will.«

Cholerisches Geschimpfe, Bosheit, Gebrüll

Je fieser die Sprüche und je lauter der Ton des anderen, umso weniger witzig sollten wir reagieren. Bei ganz bösen Sätzen müssen wir auch eine klares »Stopp!« signalisieren. »Ich finde, Sie überschreiten hier ganz deutlich eine Grenze des Umgangs.«

»Ich finde es nicht in Ordnung, wie Sie mit mir sprechen.«

Hat der andere sich nur in Rage kurz im Ton vergriffen, kann ich versuchen, das Gespräch wieder in konstruktivere Bahnen zu lenken:

»Diesen Ton finde ich nicht angemessen. Ich schlage vor, ich hole mir jetzt einen Kaffee, und wenn ich wiederkomme, beginnen wir noch einmal neu.«

Ich garantiere Ihnen: In zwei Minuten hat sich der andere wieder beruhigt und spricht nun in einem normalen Ton mit Ihnen. Möglicherweise bittet er sogar um Entschuldigung.

Sexuelle Anmache und Komplimente

Auch wenn uns jemand ungeniert anflirtet, müssen wir klar kontern, damit das Signal deutlich ist.

»Ich finde, Sie sehen heute wieder sehr sexy und gut aus.«

Ein solcher Satz kommt daher wie ein Kompliment, ist aber wirklich unangenehm, weil er uns verunsichert. Habe ich den Eindruck, der andere ist wirklich ein wenig verliebt, kann ich mich durch den (existierenden oder erfundenen) Partner schützen und klarmachen, dass Weiterbaggern sinnlos ist: »Dasselbe hat mir mein Mann heute Morgen auch gesagt!«

»Sie haben ja einen schönen, kurzen Rock an.«

»Danke. Ich verrate Ihnen gern die Marke. Kommen wir nun zum Wesentlichen.«

Ich kann aber auch sachlich-streng antworten:

»Behalten Sie das gern für sich. Das gehört jetzt nicht hierher.«

Haben Sie den Eindruck, jemand wollte nur, dass Sie rot werden, können Sie mit übertriebenem Selbstbewusstsein kontern:

»Das spricht für Ihren guten Geschmack.« Oder »Ich weiß.« Um anschließend wieder auf das Sachthema zurückkommen: »Sie haben hoffentlich nicht nur hingesehen, sondern auch zugehört. Wie stehen Sie zu der Frage XYZ?«

Auf die Brüste starren

Wenn ein Mann uns im Gespräch nicht in die Augen sieht, sondern unsere Brüste oder Beine wie hypnotisiert anstarrt, können wir in mütterlichem Ton einen Hinweis geben:

»So, jetzt wandern die Augen bitte wieder schön 30 Zentimeter höher, wo sie hingehören, und wir können unser Gespräch fortsetzen.«

»Wenn Sie ergründen wollen, wie ich zu diesem Thema stehe, haben Sie bei genauerer Betrachtung meiner Mimik mehr Erfolg.«

»Sagen Sie mir gern Bescheid, wenn Sie mit der Begutachtung meines Dekolletés fertig sind, dann machen wir hier weiter.«

»Nur ein kleiner Aufmerksamkeitstest: Welche Farbe haben meine Augen?«

Verunsicherungsfragen

Ein fieser Macho fragte einmal zwei Frauen, die eine Idee vorstellten: *»Haben Sie sich das beim Kaffeeklatsch ausgedacht?«*

Jemand berichtete mir, schon einmal gehört zu haben: *»Kommt man in Ihrer Stillgruppe auf solche Ideen?«*

Oder:

»Haben Sie sich das etwa zwischen Küche und Kindergarten ausgedacht?«

»Nein, beim Stricken.«

So etwas kann man in harmloseren Fällen aktiv ignorieren, indem man sich ganz bewusst abwendet und in eine andere Richtung an weitere Diskussionsteilnehmer die Frage richtet:

»Gibt es noch **konstruktive** Fragen zum Thema?«

Möglichst sachlich und trocken antworten ist ohnehin oft eine gute Idee. Mir gefällt es auch immer sehr gut, wenn jemand an Kosten und Nutzen erinnert, etwa in einer großen Meetingrunde, indem er die vielen (teuren) Köpfe einmal reihum ansieht und den Satz äußert:

»Ich halte es nicht für effizient, wenn wir hier 1500 Euro Stundenlohn mit persönlichen Befindlichkeiten verplempern. Wir können das gern im Anschluss besprechen.«

»*Sie werden ja ganz rot.*« Oder »*Da brauchen Sie doch jetzt nicht rot zu werden.*« Das sagen manche auch, weil sie die Erfahrung gemacht haben, dass genau das dann passiert. Auch hiermit würde ich ganz offensiv umgehen:

»Ja, das ist ein Phänomen. Das passiert mir immer beim Fremdschämen.«

Oder:

»Machen Sie sich keine Sorgen um mich. Meine Gesichtsfarbe ist Ausdruck meiner Leidenschaft fürs Thema.«

Unsinnige Argumente und Rechthaberei

Manche Charaktere wollen immer das letzte Wort haben, immer Recht haben und klüger sein als andere. Zu gern grätschen sie anderen in die Präsentation, verwirren mit seltsamen Argumenten ohne Zusammenhang. Was sagt man da? Hier mein Lieblingssatz dazu:

»Ich könnte Ihnen jetzt recht geben. Aber dann liegen wir halt beide falsch.«

MIT 8 SCHRITTEN ZUR
ÜBERZEUGUNGSTÄTERIN

Wie soll es nun weitergehen? Was sind die nächsten Schritte?

Ich habe einige Anregungen, wie Sie nun ganz konkret weitermachen können.

1. Kennen Sie Ihre Stärken und stärken Sie Ihr Selbstvertrauen

Legen Sie sich ein schönes Zufriedenheits- und Erfolgstagebuch zu.

Notieren Sie jeden Abend, was tagsüber gut lief. Ein kurzes Stichwort reicht. Wichtig ist, dass Sie sich später erinnern. Es müssen keine Wunderwerke sein – jede Kleinigkeit ist es wert, gesehen zu werden.

Formulieren Sie Wetten. Versuchen Sie, möglichst viele Ihrer Aktivitäten als Wette sich selbst gegenüber zu definieren.

- Aus »Ich schreibe an meinem Konzept weiter« wird dann also ganz konkret: »Wetten, dass ich es heute schaffe, die ersten drei Punkte meines Konzepts auszuformulieren?!«
- Aus »Ich kümmere mich um Neukundenakquise!«, wird »Wetten, dass ich es schaffe, heute mit fünf potenziellen Neukunden zu telefonieren und dabei ihr Interesse so zu wecken, dass sie weiteres Informationsmaterial wünschen?!«

Natürlich können Sie auch wirklich mit jemandem aus Ihrer Umgebung eine Wette abschließen.

Jede gewonnene Wette kommt natürlich wieder ins Erfolgstagebuch!

2. Kennen Sie Ihre kurz-, mittel- und langfristigen Ziele

Schreiben Sie Ihre Ziele auf

- Reservieren Sie sich täglich eine feste Zeit, in der Sie Ihre Ziele und Prioritäten schriftlich festhalten.
- Vermeiden Sie lange To-do-Listen, die Sie ohnehin nicht schaffen können.
- Vermerken Sie täglich einen einzigen Punkt, der heute besonders wichtig ist.

Machen Sie Bilder vom zu erwartenden Ergebnis

Visualisieren Sie Ihre längerfristigen Ziele über Bilder und Symbole, die Sie an einem Platz aufhängen, wo Sie sie oft sehen können.

Wie werden Sie aussehen, wie werden Sie sich fühlen, wenn Sie Ihr Ziel erreicht haben? Was wird Ihr Kunde sagen? Wie sieht die fertige Arbeit aus? Wer nur immer auf einen winzigen Teil eines Armaturenbretts siet, das er täglich bearbeitet, ist weniger motiviert als jemand, der weiß, wie das fertige Auto aussehen wird.

3. Treffen Sie klare Entscheidungen

- Setzen Sie sich ein Zeitlimit, bis wann oder unter welchen Voraussetzungen Sie eine Entscheidung treffen. Wenn Sie sich für den letzten Tag des Monats entschieden haben, treffen Sie die Entscheidung dann und stehen voll und ganz dazu.
- Beziehen Sie fähige Berater mit ein. Das können unterschiedliche Berater für unterschiedliche Situationen sein.
- Überprüfen Sie Ihre Entscheidungen intuitiv.
- Setzen Sie Ihre Entscheidungen konsequent um.

4. Suchen Sie sich sichtbare Aufgaben

- Delegieren Sie nach Möglichkeit alles, was im Unternehmen weniger wichtig erscheint und auch von anderen gemacht werden kann.
- Konzentrieren Sie sich auf Ihre Stärken und darauf, was am meisten gebraucht und daher auch gesehen wird.

5. Vermeiden Sie Energiefresser und Überlastung

- Gehen Sie Menschen aus dem Weg, die Ihnen den Elan rauben. Suchen Sie sich lieber Unterstützer, die Sie pushen.
- Üben Sie, Nein zu sagen.
- Wenn jemand Sie um Hilfe bittet, zeigen Sie immer zuerst, wie derjenige seine Probleme selbst lösen kann. Reißen Sie Arbeit nicht ohne Not an sich.

6. Betreiben Sie Selbst-PR

- Sprechen Sie über Ihre Erfolge. Schreiben Sie darüber. Sorgen Sie dafür, dass andere darüber sprechen.
- Nehmen Sie Kundenlob dankend an, hängen Sie es an Ihre Pinnwand und schicken Sie es intern an einen großzügigen Verteiler, indem Sie den Dank an Ihr Team und Ihren Vorgesetzten weitergeben.
- Suchen Sie die Bühne für Ihr Expertenwissen. Je weiter diese entfernt liegt, umso besser.
- Bitten Sie andere, Sie weiterzuempfehlen.

7. Netzwerken Sie strategisch

Bedarfslisten erstellen

* Was oder wen brauchen Sie, um Ihren Zielen näherzukommen?
* Welche Fähigkeiten, Informationen, Kontakte würden Ihnen helfen?
* Welche Menschen verfügen genau über dieses Potenzial oder kennen Menschen, die Ihnen weiterhelfen können?

Konzentrieren Sie sich auf wenige, intensive Netzwerkaktivitäten

Es bringt nichts, wenn Sie auf verschiedensten Veranstaltungen für eine Stunde vorbeischauen. Überlegen Sie sich ganz gezielt, welche Netzwerke für Sie wichtig sind.

Besuchen Sie mehrere Veranstaltungen eines ausgewählten Kreises und bringen Sie sich dort aktiv ein.

* Wählen Sie ein Frauennetzwerk mit tollen Frauen auf Augenhöhe.
* Netzwerken Sie nicht nur mit Frauen, sondern auch mit Männern und auch ganz gezielt mit Höherrangigen.
* Konzentrieren Sie sich auch auf **ein** soziales Netzwerk online, lesen und kommentieren Sie dort Beiträge anderer, positionieren Sie sich mit Ihrem Fachgebiet.

Gehen Sie nie allein essen

Reservieren Sie mindestens eine Mahlzeit pro Woche, die Sie mit neuen Kontakten einnehmen und dabei Ihr Netzwerk erweitern.

- Überlegen Sie jeden Tag einmal, was Sie für andere tun könnten.
- Setzen Sie mindestens eine Idee pro Woche davon um und tun sie ganz konkret etwas für andere.
- Bedanken Sie sich immer, wenn jemand etwas für Sie tut.
- Loben Sie jede gute Arbeit, die Ihnen auffällt.

8. Verbessern Sie Ihre Kommunikation – laufend

- Sprechen Sie in Meetings mehr und in Verhandlungen weniger.
- Üben Sie zu schweigen: Stellen Sie öfter mal klare, provokante Fragen und blicken Sie Ihrem Gegenüber dann sehr lange in die Augen.
- Üben Sie Kritik. Reklamieren Sie im Restaurant die lauwarme Suppe und fragen Sie den Taxifahrer, ob der das Fenster schließen kann. Achten Sie dabei auf Ihre Wirkung: Niemand wird es Ihnen übelnehmen, wenn Sie klar und freundlich kommunizieren.
- Nutzen Sie jede Gelegenheit, um vor Gruppen zu sprechen. Kein Abendessen mehr ohne Tischrede!
- Zu jedem Projekt, das Ihnen wichtig ist, sollten Sie eine glühende Rede im Fahrstuhl halten können und nach vier Stockwerken ihre wichtigste Aussage genannt haben.
- Zeichnen Sie sich selbst immer wieder mit der Kamera auf, wenn Sie etwas präsentieren. Werden Sie sich Ihrer Stärken noch mehr bewusst und arbeiten Sie nach **jeder** Präsentation an **einer** Sache, die sich verbessern lässt.
- Wenn Sie Texte aufschreiben: Diktieren Sie vorher das, was Sie ausdrücken wollen, auf Ihr Handy, als würden Sie mit Ihrem Leser sprechen.
- Beobachten Sie Menschen, die gut verhandeln können, und lernen Sie daraus.

- Weichen Sie nicht aus oder laufen Sie gar davon, wenn jemand Sie provoziert. Halten Sie in jedem Fall Blickkontakt und bleiben Sie präsent. Wenn Sie eine schlagfertige Antwort parat haben: Äußern Sie sie.
- Und nun beginnen Sie wieder bei 1 und sind dankbar für alles, was Sie schon erreicht haben.

LITERATUR

Petra Bock: »Mindfuck – Warum wir uns selbst sabotieren und was wir dagegen tun können«, Knaur, 2011

Ryder Carroll: »Die Bullet-Journal-Methode: Verstehe deine Vergangenheit, ordne deine Gegenwart, gestalte deine Zukunft«, Rowohlt Taschenbuch, 2018

Joe Dispenza: »Du bist das Placebo – Bewusstsein wird Materie«, Koha, 2014

Keith Ferrazzi: »Gehe nie alleine essen! Und andere Geheimnisse rund um Networking und Erfolg«, booksforsuccess, 2013

Martina Fuchs: »Digital Expert Branding – inkl. Augmented Reality App: Die Positionierungs- und Marketingstrategie für mehr Sichtbarkeit, Erfolg und Kunden«, Haufe Fachbuch, 2018

Barbara von Graeve und Monika Scheddin: »Das schaffst du locker! – Mit Leichtigkeit in 100 Tagen ans Ziel«, Marie von Mallwitz Verlag, 2019

Martina Haas: »Vergesst Networking – oder macht es richtig: … sonst sind 90 Prozent der Kontakte für den Müll«, Vahlen, 2019

Daniela Heggmaier: »Selbst-PR. Der goldene Weg zu mehr Sichtbarkeit und Erfolg«, Marie von Mallwitz Verlag, 2017

Monika Hein: »Sprechen wie der Profi – Das interaktive Training für eine gewinnende Stimme«, Campus, 2014

Anja Henningsmeyer: »Denn Sie wissen, was Sie tun – Wie Frauen erfolgreich verhandeln«, Campus, 2019

Sylvia Löhken: »Leise Menschen – starke Wirkung: Wie Sie Präsenz zeigen und Gehör finden«, Piper, 2015

Mark Manson: »Die subtile Kunst des drauf Scheißens«, mvg, 2017

Philip Meissner: »Entscheiden ist einfach: Wenn man weiß wie es geht«, 2019

Joe Navarro: »Menschen lesen: Ein FBI-Agent erklärt, wie man Körpersprache entschlüsselt«, mvg, 2010

Hermann Scherer: »Fokus! Provokative Ideen für Menschen, die was erreichen wollen«, Campus, 2016

Bettina Stackelberg: »Gut reicht völlig! Selbstbewusste Wege aus der Perfektionsfalle«, Beck Taschenbuch, 2017

William Ury, Roger Fischer: »Das Harvard-Konzept: Die unschlagbare Methode für beste Verhandlungsergebnisse«, dva, 2018

DIE AUTORIN

Seit 18 Jahren bietet Susanne Westphal Seminare und Coachings an. Ihr erfolgreichstes Workshopformat ist der Titel »Durchsetzungsstark statt immer nur nett«.

Als Trainerin und Coach unterstützt sie Frauen (und auch Männer) dabei, sich auf Verhandlungen gezielt vorzubereiten und durch starke Worte und souveränen Auftritt zu überzeugen. Da sie selbst sieben Jahre lang ein Unternehmen erfolgreich aufgebaut und geleitet hat (Preiswärter) und als Führungskraft Erfahrungen sammeln konnte (Director Corporate Communication beim Mobilfunkunternehmen Quam), weiß sie genau, worauf es ankommt. Sie kennt mögliche Fallstricke, politische Spielchen und Verhandlungstricks und weiß, wie man damit umgeht.

Privat übt sie ihre Durchsetzungsfähigkeit an ihren fünf Kindern, von denen die jüngsten gerade im schönsten Pubertätsalter sind.